2C and 4C

为什么印出来变这样？
设计师要懂的印前知识

TWO COLOR AND FOUR COLOR
PRINTING
GUIDE BOOK

NOKIA INOUE

[日]井上能伎亚 著

谢蔷镁 译

广西师范大学出版社
·桂林·

本书尽可能将与印刷文件完稿过程相关的多种制作环境类型化，把制作完善的付印文件所需的基本知识做了梳理和整合。本书以读者具备基本的 InDesign、Illustrator、Photoshop 等软件的知识为前提进行解说。

除了本书的内容，制稿时与印刷厂的沟通也很重要。仔细确认印刷厂的完稿须知，实际的完稿作业应由客户自行承担责任。

印刷厂提供的完稿须知与本书的内容有出入时，请务必以印刷厂提供的信息优先。

● InDesign、Illustrator、Photoshop 均为 Adobe 公司的商标或注册商标。

●其他刊载于本书的公司名称、项目名称、系统名称，皆属该公司的商标或注册商标，书中不再特别说明。

TWO COLOR AND FOUR COLOR PRINTING
GUIDE BOOK

2C-4C

CONTENTS 目 录

关于本书 1
图解印刷品类型 ① 单张印刷品.................3
图解印刷品类型 ② 多页印刷品（书册类）...4
图解印刷品类型 ③ 其他印刷品.................6

第一章
制作付印文件所需的基本知识　7

1-1
了解所用设计软件的优势和当前版本　8
"万能"的 Illustrator 8
适用于书籍排版的 InDesign 8
拼版印刷常用的 Photoshop...................................9
与软件版本相关的注意事项...............................9
使用其他软件制作文件.......................................9

1-2
付印文件与颜色配置文件　10
关于颜色配置文件...10
Adobe RGB 与 sRGB 10
关于"色彩管理" 12
将文档转换为 CMYK 模式时的影响....................13

1-3
选择颜色模式　14
颜色模式与油墨的关系.......................................14
改变文档的颜色模式 15

1-4
设置分辨率　16
付印文件适合的分辨率.......................................16
用 Photoshop 新建文档时的分辨率设置............17
Illustrator 及 InDesign 对分辨率的影响..........17
存储或导出时设置分辨率...................................19

1-5
认识印刷品的印版　20
印刷原理与印版的作用.......................................20
用软件确认印版的状态.......................................22
印刷色序的影响...23

建议牢记的叠印..23

1-6
认识裁切标记　24
裁切标记的作用...24
日式裁切标记与西式裁切标记...........................25
各种裁切标记...26
出血效果...27
根据条件改变出血范围.......................................27

1-7
在Illustrator中制作裁切标记　28
用 Illustrator 菜单创建裁切标记.....................28
制作裁切标记时的注意事项...............................29
用"效果"菜单制作的裁切标记.......................30
不同版本软件的裁切标记制作方法....................30
画板的尺寸...31
处理超过出血的内容...32
制作确认裁切用的边框.......................................32
用绘图工具绘制折线标记...................................33

1-8
在存储为PDF文件时添加裁切标记　34
在存储为 PDF 文件时添加裁切标记....................34
关于裁切标记的规格设置...................................35

1-9
处理无裁切标记的文件　37
无裁切标记的付印文件.......................................37
替代裁切标记的 Illustrator 画板.......................38

1-10
预防文字裁切的参考线　39
注意安全区域...39
活用参考线...39

第二章
构成付印文件的要素　41

2-1
可供印刷的字体　42
根据付印方式判断字体可否使用........................42
不同文字处理方式的优缺点...............................42
查询字体类型...43

2C-4C

TWO COLOR AND FOUR COLOR PRINTING GUIDE BOOK

字体类型 44

字体类型的历史 45

根据字体供应商和服务分类 47

2-2
排版书写器的设置 48

关于排版的书写器 48

设置"Adobe CJK 单行书写器" 49

2-3
文字的转曲 50

将文字转曲 50

确认字体是否已经转曲 51

容易忽略的残留文本 51

2-4
处理置入图像 52

置入图像 52

可置入 Illustrator 和 InDesign 的文件格式 ... 54

稳定的置入图像文件格式：Photoshop 格式 ... 55

Photoshop EPS 格式 56

可以为置入图像着色的 TIFF 格式 ... 57

关于 ICC 配置文件 57

2-5
为图像去除背景 58

把图层内不需要的像素变透明 58

使用剪贴路径去背 59

用 Alpha 通道去背 60

在排版软件中使用剪切蒙版 61

2-6
置入图像及文件 62

在排版文档中置入图像和文件的方法 ... 62

在 Illustrator 中置入图像 62

在 InDesign 文档中置入图像 64

在 Illustrator 中置入文件 66

在 Illustrator 文档中嵌入链接文件 ... 67

在 InDesign 文档中置入文件 68

2-7
链接图像与嵌入图像 70

链接图像与嵌入图像的区别 70

在文档中嵌入链接图像 71

Photoshop 的链接图像 71

查看置入图像的信息 72

链接图像的文件夹层级与文件名 72

2-8
拼合透明度 74

须格外注意透明对象的原因 74

拼合透明度的实际情况 75

拼合透明度可能引起的问题 76

付印文件中出现非预期的白线的原因 ... 77

透明对象的符合条件 78

确认受影响的范围 79

预先拼合 81

2-9
叠印与挖空 82

关于叠印 82

"正片叠底"与叠印的区别 83

不小心设置了叠印 84

2-10
黑色叠印的优缺点 86

黑色叠印的优点 86

注意黑色叠印问题 88

关于 RIP 处理时的自动黑色叠印 88

2-11
复色黑与油墨总量 90

认识复色黑 90

注意油墨总量 91

检查油墨总量 92

复色黑与自动黑色叠印 94

改变"颜色模式"造成的黑色变化 ... 94

第三章
专色印刷的付印文件 95

3-1
认识专色印刷 96

专色印刷的用途 96

专色印刷的付印文件与注意事项 97

3-2
制作专色付印文件的方法①
指定基础油墨CMYK 98

用基础油墨 CMYK 暂代专色通道 98

2C-4C   TWO COLOR AND FOUR COLOR PRINTING GUIDE BOOK

将图像的颜色分解成基础油墨 CMYK 99
制作输出样本 101

3-3
制作专色付印文件的方法②
使用单色黑制作 104
单色黑的优点 104
制作单色黑付印文件 104
用 Photoshop 将彩色图像转换为单色黑图像 105
在 Illustrator 中将对象转换为单色黑.............107
用单色黑制作双色以上的付印文件 109

3-4
制作专色付印文件的方法③
在文件中包含专色信息 110
专色色板与读取方法 110
管理专色色板 112
让 Photoshop 文件包含专色信息 112
为 TIFF 图像着色 115
当付印文件包含专色信息时的注意事项.......115

3-5
让专色油墨相互混合
或与基础油墨CMYK混合 116
混合油墨的优点与注意事项.........................116
使用 InDesign 的混合油墨色板 116
使用 Illustrator 的图形样式来管理混合色油墨117
用 Photoshop 混合专色油墨 119

3-6
创建陷印 120
什么是陷印 120
用 Illustrator 创建陷印 121
用 Photoshop 创建陷印 123

3-7
Photoshop的通道操作 124
关于 Photoshop 的通道 124
在通道上绘画 125
将通道中的图像移动到其他通道 127
在调整图层中去掉青色 129

3-8
关于颜色的更改 130
"颜色值"与"不透明度"的差异 130

"颜色值：100%"与其他数值 132
"混合模式"的使用 132

第四章
付印文件的存储和导出 133

4-1
各种付印方法 134
付印方法的选择与 PDF 付印的优点 134
各有所长的印刷厂类型 134
付印时的必要事项 135
付印方法一览 136

4-2
使用工作选项导出PDF 138
载入印刷厂的设置文件 138
使用设置文件来导出 PDF 139

4-3
在对话框手动设置后导出PDF文件 142
"导出 Adobe PDF"对话框 142
"存储为"与"存储副本"的差异 142
关于 PDF 的标准与版本 143
在"常规"区域设置导出页面 144
在"压缩"区域设置压缩方案 146
在"标记和出血"区域添加印刷标记 148
在"输出"区域设置颜色空间 149
在"高级"区域进行字体与透明度相关设置151
在"安全性"区域不进行任何设置 152
将设置存储为预设后导出 PDF 文件 153

4-4
用Acrobat Pro查看PDF文件 154
用 Acrobat Pro 查看 PDF 文件 154
查看 PDF 文件的规格 155
活用"印刷制作"工具 155
用"输出预览"查看油墨 156
用"印前检查"分析 PDF 文件......................158
用印刷厂的印前检查配置文件分析 PDF 文件159

4-5
用InDesign格式付印 160
InDesign 付印的准备工作 160

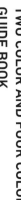

2C-4C

TWO COLOR AND FOUR COLOR PRINTING
GUIDE BOOK

 C
 M
 Y
K

活用实时印前检查功能......................160
用打包功能收集文件..........................162

4-6
用Illustrator格式付印　164
通用的 Illustrator 付印.........................164
Illustrator 付印的检查重点..................164
制作付印文件......................................166
关于 Illustrator 的打包功能.................168

4-7
用Photoshop格式付印　169
可以将位图作为付印文件的 Photoshop 付印 169
Photoshop 付印的检查重点..................169
将付印文件存储为 Photoshop 格式........170
把Illustrator付印文件转换为Photoshop付印文件171

4-8
RGB付印　172
RGB 付印的优点与注意事项..................172
存储时嵌入颜色配置文件......................173
检查颜色配置文件................................173

4-9
用EPS格式付印　174
用 Illustrator EPS 付印.........................174
存储为 Photoshop EPS 付印..................176
Illustrator EPS 与 Photoshop EPS 的区别.......177

4-10
用优动漫PAINT制作付印文件　178
优动漫 PAINT 可制作的付印文件..........178
彩色插图尽可能使用 RGB 付印.............179
用"黑白位图"清晰导出的诀窍.............181
使用双色分版导出 CMYK......................182

第五章
各种类型的付印文件　183

5-1
制作书籍的护封　184
组合多个矩形来制作成品线..................184
配合确定的书脊宽度移动对象...............185
创建裁切标记与折线标记......................186

置入条形码..187
高效制作腰封......................................187

5-2
制作模切贴纸　188
可创建刀版线的软件............................188
用 Illustrator 制作模切贴纸的付印文件.......188
制作刀版路径的小技巧........................190
用 Photoshop 制作刀版路径.................191

5-3
制作胶带　192
制作胶带的难易程度取决于有无出血..........192
可设置出血的情况................................193
不可设置出血的情况............................195

5-4
利用活版印刷　196
活版印刷的结构...................................196
制作活版印刷付印文件的注意事项..........196
使用照片时的做法................................197

5-5
制作烫印的付印文件　198
关于烫印及其付印文件........................198
制作输出样本......................................199
让成果更臻完美的小技巧......................199

5-6
制作缩小尺寸的重印本　200
缩小漫画原稿时的注意事项..................200
根据重印尺寸重新导出文件..................200
具有不同属性图像的 PDF 文件.............201

关于本书

以往需要专业设备才能制作印刷品,现在由于"桌面出版"(DTP)与网络印刷的普及,一般人在家就能轻松完成。DTP是DeskTop Publishing的简称,是指用电脑制作印刷用的文件,然后进行实际印刷,制成印刷品。目前,许多印刷公司都提供印刷服务,用户只要通过网络下单、交稿,便可制成印刷品。一些印刷公司的网站会明确列出各类印刷品的费用及印制工时,方便用户选择、比较,完成最终文件后即可付印。

不过,在制作文件时,通常需要设计师具备相对专业的印刷知识。虽然印刷厂大多会将制作印刷文件的方法整理成"完稿须知"并发布在网站上,或是集结成册,供用户下载或索取,但如果想读懂其中的内容,还必须具备基本的印刷知识。例如,使用"裁切标记"来指定裁切线,了解分辨率对图像质量的影响,全彩印刷使用的油墨有C(青色)、M(洋红色)、Y(黄色)、K(黑色)4种颜色等。这些对专业人士来说都是基本常识,如果你在制稿时对这些感到陌生,就有必要先理解、熟记。

如果认真阅读各家印刷厂所提供的完稿须知,似乎也能深入了解印刷的相关知识。不过,无论这份文件说得多详细,终究是针对该印刷厂内部机器所写的最适合的文件设置说明,换成其他印刷厂的话,不一定能够完全适用。此外,即便找同一家印刷厂印制,也会有一些特例,如在印刷书册类产品时可以用PDF格式的文件付印,而在印刷贴纸时一般只接受.ai格式的文件,也就是说印刷品种类不同,对付印文件格式的要求也会相应改变。所幸,虽然有各种各样的情况,但并不代表文件也有无限多种制作方法,只要加以分类,就可以一一应对。

基于上述这些情况，本书整理了许多印刷的基本知识及付印文件的制作方法，并加以分类。设计师若能吸收本书提供的印刷与制作付印文件的基本知识，即便日后遇到了充满专业术语的完稿须知，也可以一看就懂，马上就能开工。牢记制作文件常见的格式，即使日后印刷厂及印刷品的种类改变，设计师也可以灵活应对，制作出方便转换格式的文件。

图解印刷品类型　　①单张印刷品

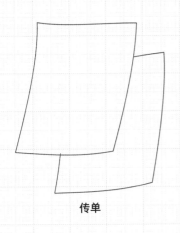

传单

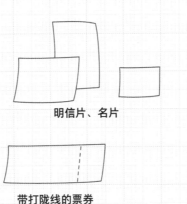

明信片、名片

带打陇线的票券

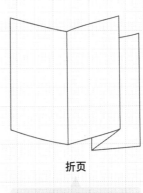

折页

用一张纸折叠成的印刷品，也属于单张印刷品。

明信片

角线标记

中心线标记

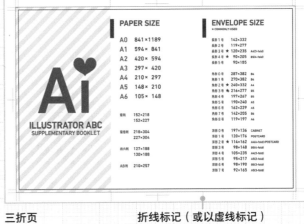

三折页

折线标记（或以虚线标记）

指定裁切位置的方法以裁切标记为主（第24页），但有时也会要求同时指定裁切标记（第30页）和工作区域。最合适的方法视印刷厂而定。

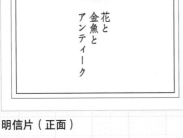

明信片（正面）

工作区域

出血

明信片（背面）

书脊

封面

护封

腰封 / 书腰

书页

勒口

无线胶装书册

书顶

订口

书口 /
外切口

书口 /
外切口

书根

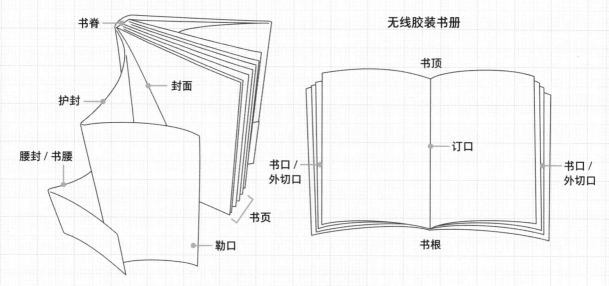

封面

制作方法参考
第 184 页。

腰封

中心线标记

折线标记　　　角线

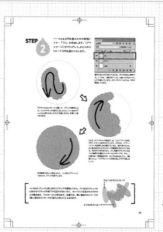

书页

※ 通常制作成单页文件，然后由印刷厂制版。

页码

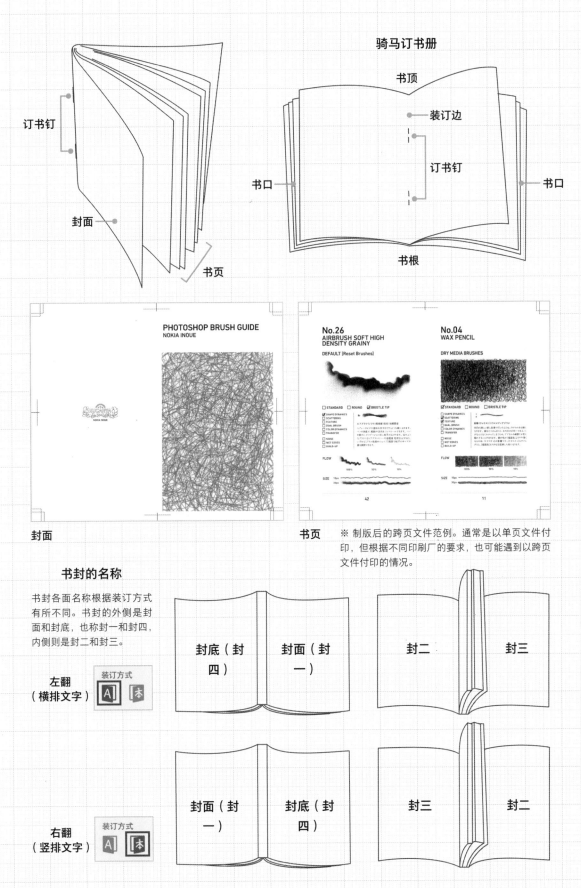

骑马订书册

订书钉

封面

书页

书顶

装订边

订书钉

书口

书口

书根

PHOTOSHOP BRUSH GUIDE
NOKIA INOUE

封面

No.26
AIRBRUSH SOFT HIGH
DENSITY GRAINY

DEFAULT [Reset Brushes]

No.04
WAX PENCIL

DRY MEDIA BRUSHES

42

11

书页

※ 制版后的跨页文件范例。通常是以单页文件付印，但根据不同印刷厂的要求，也可能遇到以跨页文件付印的情况。

书封的名称

书封各面名称根据装订方式有所不同。书封的外侧是封面和封底，也称封一和封四，内侧则是封二和封三。

左翻
（横排文字）

装订方式

封底（封四）

封面（封一）

封二

封三

右翻
（竖排文字）

装订方式

封面（封一）

封底（封四）

封三

封二

图解印刷品类型 ③其他印刷品

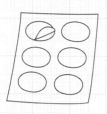

贴纸

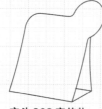

店头 POP 宣传物

胶带

光盘圆标

针对光盘、马克杯、扇子这类有规定尺寸的印刷品，大多数印刷厂都会提供设计用的标准尺寸或设计模板。

刀版线

底纸用裁切标记

模切贴纸（附底纸）

在制作模切贴纸时，需要制作刀版线。要附底纸，则用裁切标记设置模切位置。刀版线的制作方法可参照第188页。

光盘圆标

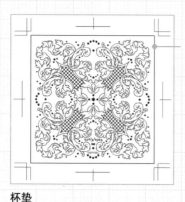

工作区域

杯垫

在采用活版印刷时，通常会根据成本来考虑文件尺寸。而裁切标记或工作区域就是用来设置成品尺寸的。活版印刷的文件制作方法请参照第196页。

刀版线

店头 POP 宣传物

胶带（没有设置出血）

是否设置了"出血"，会影响付印文件的制作难度。胶带的文件制作方法，请参考第192页。

第一章

制作付印文件所需的基本知识

1-1 了解所用设计软件的优势和当前版本

在制作文件时，使用 Adobe Illustrator 或 Adobe InDesign 等排版功能强大的软件会比较方便。当然，也可以使用其他软件来制作，不过每个印刷厂对付印文件格式的要求不尽相同，请务必事先确认印刷厂的要求。

"万能"的Illustrator

使用 Illustrator，无论是制作**单张印刷品**[★1]、**多页印刷品**[★2]，还是**模切印刷品**[★3]，各种类型的文件基本都没有问题。Illustrator 提供可制作裁切标记的选项、可确认色板状态的**"分色预览"面板**、方便制作**刀版线**的绘图功能等，制作文件所必需的功能几乎一应俱全，可说是万能的软件。

在 Illustrator 可以导出的各种文件格式中，常用于印刷文件的是 **Illustrator 格式（.ai）**[★4]、**PDF 格式（.pdf）**[★5] 和 **Illustrator EPS 格式（.eps）**[★6]。Illustrator 设有可制作裁切标记的选项，此外，在导出 PDF 文件时也可新增以工作区域为基础的裁切标记。

适用于书籍排版的InDesign

在制作书籍或多页印刷品时，InDesign 是最适合的软件，它的书籍排版功能相当强大。如**自动页码**和可统一管理版式设计的**"主页"页面**，有助于提高工作效率；若是在新建文件时取消"对页"选项，还可制作名片和明信片等单张印刷品。此外，InDesign 也拥有导入电子表格数据的功能（数据合并），可用来从数据库导入多人数据，一次制作多人的名片。

在 InDesign 可导出的文件格式中，常用于印刷文件的格式是 **InDesign 格式（.indd）**[★7] 与 **PDF 格式（.pdf）**。不过，一般在拼版印刷或是少量的数码印刷时，主要采用的是 PDF 文件，如果直接使用 InDesign 格式的文件，可能会受到操作环境影响，因此有些印刷厂不接受这种格式。在设置裁切标记方面，InDesign 与 Illustrator 一样，在导出 PDF 格式时可自动新增裁切标记。

★ 1. 单张印刷品是指印刷在一张纸上的印刷品，如传单、明信片、海报、折页等。请参照第3页。

★ 2. 是指使用多张纸装订成多页的印刷品，如产品目录、骑马订手册等。请参照第4页。（注：若是页数较多的书籍、杂志等印刷品，建议使用 InDesign 较为方便。）

★ 3. 使用激光切割及模板将纸张切割加工。若使用称为"刀版线"的路径来指定切割位置，可切割成不规则的形状。请参照第188页。

★ 4. ".ai" 是 Illustrator 的默认格式，通用性高。默认格式是软件本身特有的格式，可完整保留软件的编辑功能。请参照第164页。

★ 5. 付印的 PDF 文件。请参照第138、142页。

★ 6. 有些情况只能使用 Illustrator EPS 格式。请参照第174页，此页也说明了 Photoshop EPS 格式的存储方式。

★ 7. InDesign的本机格式，请参照第160页。（注：".indd" 文档并非付印文件的格式，付印时需要将所有链接文件、字体、图片等数据打包后，整体交给印刷厂，可参考第162页。）

拼版印刷常用的Photoshop

一些印刷厂会提供**拼版印刷**服务(将多个文件一起印刷,以分摊制版费和印刷费),使用这类印刷方式时,付印文件大多是带**出血尺寸**[8]的位图,因此也可使用 Photoshop 来制作文件。在 Photoshop 可以存储的文件格式中,常用于付印文件的格式是 Photoshop 格式(.psd)[9]、Photoshop EPS 格式(.eps)和 TIFF 格式(.tif)。

与软件版本相关的注意事项

当以默认格式付印时,若印刷厂对文件的要求中注明了软件支持的版本[10],请确认你使用的软件版本是否与印刷厂的要求一致。目前,使用的软件版本可以在软件中打开**"信息"**[11]或在选项[12]中查看。

软件版本的编号是由**"主版本"**与**"子版本"**所构成的。以下图为例,主版本是 2020 各软件所分配到的编号,可用最前面的数值来区别。子版本则是小数点以后的数值,代表软件推出后的修正及新增功能。若印刷厂指定了软件版本,不只主版本,子版本也必须和印刷厂一致。

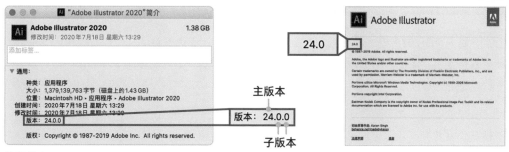

软件简介

关于 Illustrator

使用其他软件制作文件

有些印刷厂也接受 RGB 颜色模式的文件。例如,如果用绘画软件优动漫 PAINT[13] 或 SAI[14] 画图,或以 Photoshop Elements[15] 制作文件,由于这些软件无法用 CMYK 模式编辑,文件会默认存储成 RGB 模式。

若是采用 RGB 模式的文件,印刷厂会负责将其转换为 CMYK 颜色模式[16]。有些印刷厂会协助客户应用符合内容的转换选项,因此在印刷大型图片时,有些印刷厂会接受 RGB 模式的文件。

★ 8. 出血尺寸:付印文件上下左右都追加出血后的尺寸。

★ 9. Photoshop 默认格式,请参照第 169 页。

★ 10. 过去对付印文件使用的软件版本大多有限制,如果印刷厂使用的是较低版本的软件,可能会导致用较高版本软件制作的文件无法打开或编辑。但在 Adobe Creative Cloud 推出后,越来越多的印刷厂不再设置版本要求。

★ 11. 使用 Mac OS,请先在"访达"(Finder)选择软件(.app),再从选项列选择"显示简介"。

★ 12. 查询软件版本时,可以启动 Illustrator,执行"Illustrator / 关于 Illustrator"命令来打开信息窗口。

★ 13.CELSYS 公司开发的绘画软件,日文版名为 CLIP STUDIO PAINT,优动漫 PAINT 是其中文版名。优动漫 PAINT 是一款漫画、插画、动画制作软件,支持插画、漫画、动画、设计创作。

★ 14. SYSTEMAX 公司开发的绘图软件。无法嵌入 CMYK 颜色,只能制作 RGB 颜色模式的文件。

★ 15.Photoshop 基础版。

★ 16.(编注)一般并不建议采用此方式,印制出来的成品颜色与电脑显示的色差会很大。

1-2 付印文件与颜色配置文件

在导出付印文件之前，建议先确认"颜色设置"对话框。该设置在
打开文档或转换颜色模式时会产生一些影响。

关于颜色配置文件

颜色配置文件是指定**如何显示颜色**的标准。如果你习惯使用电
脑设置颜色，在看到"R: 255 / G: 0 / B: 0"或"C: 0% / M:
100% / Y: 100% / K: 0%"这类数值时，应该会马上想到红色
吧。不过，这些数值并没有说明要用哪一种红色来显示这类信息。
虽然用电脑设置为红色，但是要在电脑上显示出"大红"、较深的
"棕红"，或是较淡的"玫瑰红"，则由具体颜色配置来决定。

| 大红 |
| 棕红 |
| 玫瑰红 |

Adobe RGB与sRGB

相关内容 | RGB 付印的优点与注意事项，参照第 172 页

在打开 RGB 颜色模式的文档时[1]，如果文档有嵌入颜色配置文件
即可直接使用，而不使用颜色配置文件则无法打开，因此"颜色配置文
件"是个必选项。

安装软件后，在未做过任何变动的情况下，如果打开"颜色设置"
对话框，会看到"工作空间"[2] 下预设[3] 的 RGB 颜色配置是"**sRGB
IEC61966-2.1**"。此时，文档会以这个配置文件打开。该配置文件的色域
较小，因此如果与文档原本的配置文件不同，可能呈现的颜色要比制作
文档时显示的颜色深一些[4]。在制作文档时，为了将其转换成适合印刷
的 CMYK 颜色模式，通常需要打开 RGB 颜色配置文件，因为如果自行
将文档从 RGB 颜色模式转换为 CMYK 颜色模式，就只是将显示器上的
颜色转换成了使用 CMYK 模式下的色值来处理。经过这种直接转换，印
刷出来的成品呈现的颜色会比设计师预期的暗沉许多。

★ 1. 付印文件的颜色
配置文件会对印刷质量
产生莫大影响。在打开
与本身配置不同的 RGB
模式文档时，一旦配置
文件未嵌入或不明，就
会引发问题。作者建议
的解决方式是使用色域
更广的配置文件。

★ 2. "工作空间"是指
根据指定的颜色配置文
件所建构的色彩空间。

★ 3. "工作空间"的预
设配置是"RGB：sRGB
IEC61966-2.1"
"CMYK：Japan Color
2001 Coated"。

★ 4. 如果是在色域广
的工作空间制成的文
档，却以色域较小的颜
色配置文件打开，文档
的色彩会有变暗沉的倾
向；若是在色域小的工
作空间制成的文档，以
色域更广的配置文件打
开，文档色彩就会有变
鲜艳的倾向。一般来说，
当从 RGB 模式转换成
CMYK 模式时，文档色
彩多少会有些变暗沉的
现象，因此建议在制作
时先将文档调整为较为
鲜艳的状态后再做转
换，让色域保留下来。

关键词
颜色配置文件

别名：配置描述文件、配置文件

颜色配置文件是一组描述设备（如打印机、投影仪等）或色彩空间特征的数据。该配置
文件会固定嵌入图像的色彩外观，作为转换颜色模式时的标准。在 Illustrator 中大多标
记为"ICC 配置文件"。

如果付印文件中包含 RGB 颜色模式的 Illustrator 文件，建议也在 Illustrator 的"颜色设置"
对话框中变更颜色配置文件。

在更改颜色配置文件时，需要打开**"颜色设置"**对话框[5]。如果将
"工作空间"的"RGB"选项改成色域较广的**"Adobe RGB (1998)"**，
之后再打开未嵌入颜色配置的文件，多少能避开色彩暗沉的现象。因此，
建议将选项改为"Adobe RGB(1998)"。

"Adobe RGB (1998)"可涵盖大部分 CMYK 颜色模式的色域（此色
域是印刷油墨可以再现的色域）。在 Photoshop 中新建 RGB 颜色模式
的文档时，如果选择这个颜色配置文件[6]即可使用大部分的 CMYK 颜
色模式的色域。

★ 5. 在 Photoshop、
Illustrator 和 InDesign 中执
行"编辑—颜色设置"命
令，都可以打开"颜色设
置"对话框。

★ 6. 在"新建"对话框
中可以设置颜色配置文
件。如果选择"颜色模
式"，就会自动设为"工
作空间"。但如果选择
"位图"，则会设置为"不
要对此文档进行色彩管
理"而失去联动。

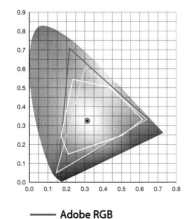

— Adobe RGB
— sRGB
═══ CMYK

※ 不同颜色模式的色域比较

用 Adobe RGB 打开文件后转换为 CMYK 模式

用 sRGB 打开文件后转换为 CMYK 模式

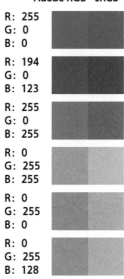

sRGB 的蓝色到绿色色域小于 Adobe RGB，因此若用 sRGB 颜色配置打开文件，蓝色和
绿色会变得比较浅。右边的颜色范例是用 RGB 颜色模式的色值制成色块，然后转换为
CMYK 模式。如其中"R: 194 / G: 0 / B: 123"对应的 CMYK 色值为"C: 0% /
M: 100% / Y: 0% / K: 0%"。

关于"色彩管理"

即使将"工作空间"的 RGB 选项改为色域广的 Adobe RGB (1998)，如果与原本的颜色配置有差异，当打开文档时可能还会看到意料之外的颜色。如果需要重新修改"颜色设置"对话框中"色彩管理方案"[7]的设置，在打开未嵌入颜色配置文件的文档时，可以在弹出的警告对话框中修改。

当打开未嵌入颜色配置文件的文档，或是"工作空间"设置不同的文档时，可以在**"色彩管理方案"**中指定要应用的方式。默认设置是**"保留嵌入的配置文件"**或**"保留颜色值（忽略链接的配置文件）"**[8]。若使用这两种设置，在打开已嵌入配置文件的文档时，即使与"工作空间"设置不一致，也会使用已嵌入的配置文件来打开，因此只要维持默认设置即可。

"打开时询问"与"粘贴时询问"预设是未勾选状态，建议勾选**"缺少配置文件"**后面的**"打开时询问"**[9]选项。勾选后，在打开未嵌入颜色配置文件的文档时会跳出**警告对话框**，可从中选择适当的处理方式[10]。此外，弹出警告对话框会让人意识到尚未嵌入颜色配置文件，设计师也可借此机会确认设置。不过，未嵌入颜色配置文件的 CMYK 模式文档也可付印，建议根据具体情况适当调整。

色彩管理方案

RGB:	保留嵌入的配置文件 ∨
CMYK:	保留嵌入的配置文件 ∨
灰色:	保留嵌入的配置文件 ∨

配置文件不匹配：☐ 打开时询问　　☐ 粘贴时询问
缺少配置文件：☐ 打开时询问

[7]. 该项目名称在 Illustrator CC 与 InDesign CC 中显示为"颜色管理方案"。

[8]. 在 Illustrator 与 InDesign 中，CMYK 的默认设置是"保留颜色值（忽略链接的配置文件）"。

[9]. 若没有勾选，未嵌入颜色配置文件的文档会以"工作空间"的颜色配置来打开。

[10]. 若关闭"色彩管理方案"，即使勾选"打开时询问"也不会弹出警告对话框。在打开与原本颜色配置不同的文档时，若存储时不嵌入颜色配置文件，"颜色值"本身仍可存储。若只需要调整文件的尺寸和分辨率，可用此方法修改。

"色彩管理方案"选项	（警告对话框的默认选项） 当颜色配置文件与"工作空间"不同时	（警告对话框的默认选项） 在未嵌入颜色配置文件时
关	保持原样（不做色彩管理）♦ 1	（不会弹出警告对话框，直接以"工作空间"的颜色配置来打开文档。"信息"面板中会显示"未标记"）
保留嵌入的配置文件	使用嵌入的配置文件（而非工作空间）♦ 2	指定"工作中的 RGB（CMYK）"♦ 3
转换为"工作中的 RGB（CMYK）"	将"工作空间"配置文件指定到文档 ♦ 3	

※ Photoshop "颜色设置"对话框中的"色彩管理方案"整合了对警告对话框默认选项所产生的影响。在弹出警告对话框时，即可选择处理方式。

※"工作中的 RGB（CMYK）"，是指"工作空间"。

※ ▨▨▨ 色块表示即使勾选"打开时询问"也不会弹出警告对话框，之后无法选择处理方式，会造成处理方式不明的情况。

♦ 1：以"工作空间"的颜色配置打开文档。"信息"面板会显示"未标记"（默认不显示，需要打开"信息面板选项"对话框并勾选其中的"文档配置文件"项目）。

♦ 2：以嵌入的颜色配置文件来打开文档。

♦ 3：以"工作空间"的颜色配置来打开文档。

将文档转换为CMYK模式时的影响

相关内容｜改变文档的颜色模式，参照第15页

在把 RGB 颜色模式的文档转换为 CMYK 模式时，**"颜色设置"** 对**话框**中的 **"工作空间"** 也会对文件产生影响。举例来说，在设置为 "CMYK: Japan Color 2001 Coated" 时，对 RGB 模式的文档执行 "图像—模式—CMYK 颜色" 命令[★11]，文档会被以 "Japan Color 2001 Coated" 为标准进行转换。

在将 RGB 模式的文档置入[★12] CMYK 模式的文档时，"工作空间" 一样会对其产生影响。在置入的过程中，RGB 模式的文档会被转为 CMYK 模式，此时的转换标准也是 "工作空间" 的颜色配置文件。

Adobe 系列软件中 "工作空间" 的 CMYK 默认设置是印刷业广泛采用的 "Japan Color 2001 Coated"[★13]。因此，在安装软件后，不刻意更改 CMYK 的设置也没关系。但如果是多人共享一台电脑，或者在软件设置不明的情况下，为了保险起见，还是确认一下为宜。

★ 11. 执行"图像"命令转换颜色模式会受"颜色设置"的控制，如果执行"编辑—转换为配置文件"命令，则可以选择其他颜色配置。

★ 12. 关于文档置入图像请参照第70页。

★ 13. 该设置是印刷在光面铜版纸上的颜色配置文件。根据印刷品的不同，有时也会采用"Japan Color 2011 Coated"。"Coated"是指铜版纸，"Uncoated"是非涂布纸，而"Newspaper"则是报纸。

对上面 RGB 模式的图像执行 "图像—模式—CMYK 颜色" 命令。

颜色配置文件

转换成以 "Japan Color 2001 Coated" 配置文件为标准的 CMYK 模式图像。

颜色值

分别以 "Japan Color 2001 Coated" 和 "Japan Color 2002 Newspaper" 为标准进行转换的结果对比

将 RGB 颜色模式（R: 255 / G: 0 / B: 0）的红色色块转换为 CMYK 颜色模式的例子。根据作为标准的颜色配置文件，颜色值也会有少许差异。若以 "Japan Color 2001 Coated" 为标准，会变成比较浅的红色。如果以 "Japan Color 2002 Newspaper" 为标准，会变成接近大红（C: 0% / M: 100% / Y: 100% / K: 0%）的红色。

在 Photoshop 中打开 "信息" 面板，会显示光标所在处的 RGB 颜色和 CMYK 颜色，只要将光标移到图像上，就能预先看到变化结果。这时候的颜色配置以该 "工作空间" 使用的颜色配置文件为准。

关键词

色彩空间

别名：色域

人眼所见的色彩是基于视网膜上的三种锥状细胞，它们分别接收光谱中的红、绿、蓝三色来辨别颜色，因此可采取三个参数。将这些参数分配到 "X、Y、Z" 的三维坐标系中，形成的三维颜色模型便是色彩空间（色域）。但这个色彩空间在现实中并不存在。

1-3 选择颜色模式

在 Illustrator 及 Photoshop 中新建文档时，必须选择适当的颜色模式。如果在操作过程中转换颜色模式，可能会引发出乎意料的颜色变化。

颜色模式与油墨的关系

电脑显示器是由光学三原色 [R（Red／红）、G（Green／绿）、B（Blue／蓝）]这3种颜色成分来表现的。而一般的彩色印刷则由**颜料三原色** [C（Cyan／青）、M（Magenta／洋红）、Y（Yellow／黄）]以及 K（Black／黑）[1] 这4种颜色成分来表现。这种颜色的表现方式称为**"颜色模式"**。在进行彩色印刷时，指定各种颜色成分会直接形成油墨的颜色。

Illustrator 及 Photoshop 软件在新建文档[2] 时可选择颜色模式[3]。付印文件常用的颜色模式有**CMYK 颜色、灰度、位图**3种。说到 CMYK 颜色，容易让人认为是彩色印刷，其实若只用 CMYK 颜色中一种油墨[4]也可以制作单色印刷的文件。

★ 1. 本书中会使用 "C 油墨" "C 版" 等称呼指代 "C" "青色" "Cyan"。其他油墨也会采用相同的原则处理。K 实际上是 Key Plate 的缩写，指黑色油墨的含量，表示黑色油墨控制着图像的关键部分。

★ 2. Photoshop 中会用 "文件" 来称呼文档。本书中统一称为 "文档"。

★ 3. InDesign 文档本身并没有颜色模式。

★ 4. 大多使用 K 油墨。

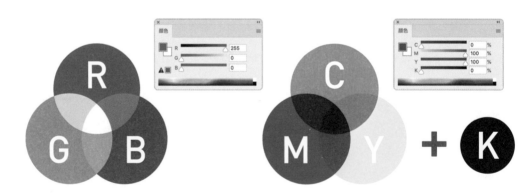

RGB 颜色（光学三原色）

重叠部分会变亮。2色重叠处分别会变成黄色、青色、紫色，3色重叠处则会变成白色。

CMYK 颜色（颜料三原色）

重叠部分会变暗。2色重叠处分别会变成蓝色、红色、绿色，3色重叠处会变成黑色。若变成浅黑色，可能会产生套印不准的情况，不适合印刷文字，因此印刷时通常会用 K 油墨来表现黑色部分。

关键词	别名：印刷色、四色、全彩
CMYK	在彩色印刷领域提到 CMYK 时，是指上文所述的 Cyan（青）、Magenta（洋红）、Yellow（黄）、Black（黑）这4种颜色或是油墨。业内大多将 CMYK 称为 "印刷色"。

日本印刷公司"广济堂"最近开发出全新印刷技术"Brilliant Palette"[5]，他们持续开发可将显示器上的鲜艳色彩反映在印刷品上的技术。若采用这套技术，即使直接用 RGB 颜色模式的文档印刷，也能得到很好的印刷效果，因此彩色印刷的文件并非一定得使用 CMYK 颜色模式来制作。只要事前确认印刷厂的付印要求，或是与印刷厂沟通就可以了。

改变文档的颜色模式

相关内容 | 将文档转换为 CMYK 颜色模式时的影响，参照第 13 页

使用数码相机拍摄的照片，或是用绘图软件绘制的彩色插画，大部分都是 RGB 颜色模式。除非印刷厂支持，否则在印刷前都需要将 RGB 颜色模式转换为 CMYK 颜色模式。在 Photoshop 中执行**"图像—模式—CMYK 颜色"**命令可转换颜色模式，此时会以"颜色设置"对话框指定的"工作空间"的颜色配置文件为标准。一般印刷品设置为**"CMYK：Japan Color 2001 Coated"**，不过最终还是要以印刷厂的设置要求为准。

在 Illustrator 中新建文档时可选择颜色模式，因为只有 CMYK 颜色与 RGB 颜色两种模式，选 **CMYK** 就可以了。即使误选了 RGB 模式，只要执行"文件—文档颜色模式—CMYK 颜色"命令，即可完成转换。不过要记住，"颜色值"会随之发生变化，转换后必须加以确认。

使用 Illustrator 或 Photoshop 时，即使已设置 RGB 颜色模式，在"颜色"面板中仍可能显示为 CMYK 选色，这一点请务必注意。以 RGB 模式的文档为例，如果对象的颜色显示为"C：0% / M：0% / Y：0% / K：100%"的黑色，然后将文档的颜色模式转换为 CMYK，则对象颜色会变成"C：78.13% / M：81.25% / Y：82.81% / K：66.41%"[6]。虽然颜色看起来没有太大差别，但表现颜色的油墨数量及"颜色值"却有所变化。这时，如果只用 1 种颜色的油墨来表现，不太会发生**套印不准**[7]的情况，而如果改用 4 色的油墨来表现黑色，就可能会套印不准，或者图案变模糊。套印不准，会让笔画细小的文字显得支离破碎，影响阅读，造成严重的问题。因此，在制作文档的过程中如果转换过颜色模式，即使看起来差别不大，也一定要检查"颜色值"。

★ 5. 该印刷技术可通过独特的油墨与相应的制版技术重现广色域屏幕上的鲜艳色彩。特别设计的"甜甜圈网点"（同心圆状网点）可让填入油墨的范围变小，而油墨的膜厚相对变薄。如此一来，便可重现细致且具有透明感的色彩变化。

★ 6. CMYK 颜色模式下的黑色（C:0% / M:0% / Y:0% / K:100%）无法转换为灰度的黑色（K:100%）。RGB 颜色模式下的黑色（R:0 / G:0 / B:0）则可以转换为灰度的黑色。关于不同颜色模式之间的黑色的转换，请参照第 94 页。

★ 7. "套印不准"是指印版未精准对位或错位得到的印刷结果。图案使用的油墨数量如果超过 1 种，制版时也需要多个印版（参照第 20 页），这样就有可能会发生套印不准的情况。

在设置为 RGB 颜色模式的 Illustrator 文档中绘制"C：0% / M：0% / Y：0% / K：100%"的黑色色块，颜色值如左图。若执行"文件—文档颜色模式"命令将其转换为 CMYK 颜色模式，则该黑色色块的颜色值会变成右图这样。

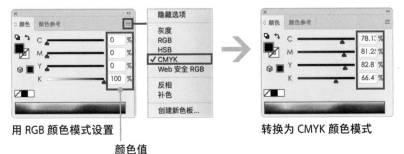

用 RGB 颜色模式设置　　　　　　　转换为 CMYK 颜色模式

颜色值

1-4 设置分辨率

分辨率是表示位图图像精细程度的数值，对印刷品的质量有极大的影响。印刷品适合的分辨率，会根据颜色模式的设置及印刷品的种类而有所差别。分辨率太低会让成品显得粗糙，但分辨率高过特定值也无法获得相应的效果，甚至还会妨碍印刷操作。

付印文件适合的分辨率

相关内容 | 颜色模式与油墨的关系，参照第 14 页

分辨率是表示位图[1]中像素（pixel）密度的数值。单位一般是"dpi"（dot per inch，点每英寸），但是 Adobe 软件使用的是"ppi"（pixel per inch，像素每英寸），因此本书采用"ppi"来表示分辨率。最适合印刷品的分辨率，会随着颜色模式而改变。如果是 CMYK 颜色或灰度的图像，最佳分辨率是 300 ppi 到 400 ppi[2]。总之，如果没有特别的要求，文档分辨率设置在 300 ppi 以上就不会有问题。日本印刷品要求的分辨率是"网线数的 2 倍"，这是因为在日本，一般彩色印刷机使用的线数是 175 线（ppi）[3]，所以会将分辨率设置为该线数的 2 倍，也就是 350 ppi（编注：在我国，付印文件通常设置为 300 ppi 即可）。

如果选择黑白颜色模式（编注：优动漫 PAINT 软件有黑白颜色模式的选项），对分辨率的要求则偏高，范围是 600 ppi 到 1200 ppi。这是因为黑白图像仅由黑白两色的像素构成，不像灰度那样可以在黑白之间以灰色像素进行填补，为了更细腻地表现文字与图案，就需要较多的像素。

★ 1. 位图是指由颜色像素点的集合体所构成的图像。

★ 2. 如果是制作大尺寸的海报，由于是从远处观看，分辨率低一些也没关系。在处理高分辨率的大幅图像时，由于文件较大，电脑可能会带不动，有时必须降低分辨率才能操作。

★ 3. 网线数"lpi"（lines per inch，指每英寸网点的行数）依纸质而异。例如，报纸的纸纹较粗，所以使用线数偏低，一般为 60 线到 80 线。日本的专色印刷通常使用 133 线的文件，因此最适合的分辨率为 266 ppi（编注：中国无此习惯）。

CMYK 颜色模式（350 ppi）

灰度（350 ppi）

黑白（1200 ppi）

※ 下排的图像是放大 500% 后的效果。黑白图例是用优动漫 PAINT 制作的。

用Photoshop新建文档时的分辨率设置

软件不同，设置分辨率的时间也不同。Photoshop 文档的分辨率是在**新建文档**时设置的。用 Photoshop 制作的图像可以置入 Illustrator 或 InDesign 的文档，也可以直接当作付印文件[4]。但无论做何用途，都要以**原稿大小**且设置最适合的分辨率进行设计[5]。置入图像后，如果缩小图像则分辨率会变高，如果放大图像则分辨率会变低[6]，因此，若不确定尺寸，建议设置为大于原稿大小的数值。

Illustrator及InDesign对分辨率的影响

Illustrator 或 InDesign 文档不需要特别设置分辨率。对于路径及文字等矢量对象，不必特别设置就可以输出高分辨率的图像。不过，如果在该文档中置入了**位图**或"**阴影**"等以栅格效果生成的**像素图**，或是可能会被栅格化[7]的**透明对象**等，文档就会受到分辨率的影响。

★ 4. 以 Photoshop 文档（.psd）直接付印就称为"Photoshop 格式付印"。请参照第 169 页。

★ 5. 最适合的分辨率如上页说明，注意中日两国对分辨率的要求有所不同。

★ 6. 在将图像尺寸放大时，图像中的像素点会被稀释，因此分辨率就会变低。一些图片编辑软件（如 Photoshop）会在放大图像时通过插入一定的补间像素来修补图像，图像一般最多放大到 120% 尚可使用。不过，图像可以放大的前提是原始图片已达到最适合的分辨率。

★ 7. 关于拼合透明度请参照第 74 页。

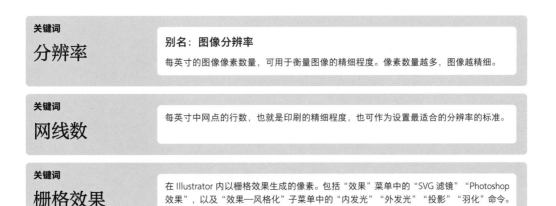

关键词
分辨率

别名：图像分辨率
每英寸的图像像素数量，可用于衡量图像的精细程度。像素数量越多，图像越精细。

关键词
网线数

每英寸中网点的行数，也就是印刷的精细程度，也可作为设置最适合的分辨率的标准。

关键词
栅格效果

在 Illustrator 内以栅格效果生成的像素。包括"效果"菜单中的"SVG 滤镜""Photoshop 效果"，以及"效果—风格化"子菜单中的"内发光""外发光""投影""羽化"命令。

在用 Illustrator **新建文档**[8] 时必须设置"栅格效果"选项，这会影响之后在文档中编辑"投影"或"Photoshop 效果"等产生像素效果时的分辨率，通常会设置为"**高（300 ppi）**"。另外，在创建文档后，执行"效果—文档栅格效果设置"命令也可以更改该项设置。若遇到"投影"等栅格效果分辨率偏低的情况，只要试着重新调整此项设置即可解决。

注意，如果是使用 InDesign，则无法设置栅格效果的分辨率[9]。

★ 8. 在 Illustrator CC 2018 以后的版本中，新建文件对话框的设计有改变。可以单击"更多设置"，便会弹出如下图所示的对话框，但名称会变成"更多设置"。

★ 9. 在 InDesign 中若发现"投影"等效果以低分辨率呈现，可能是因为性能显示的设置。执行"视图—显示性能—高品质显示"命令，即可以高分辨率呈现。

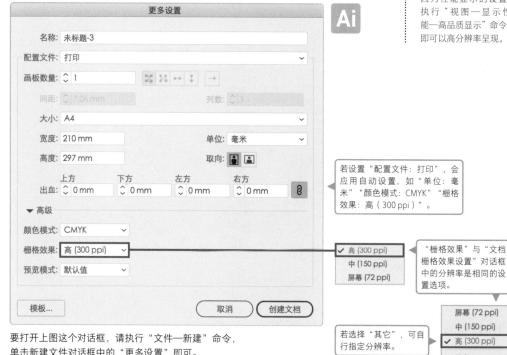

要打开上图这个对话框，请执行"文件—新建"命令，单击新建文件对话框中的"更多设置"即可。

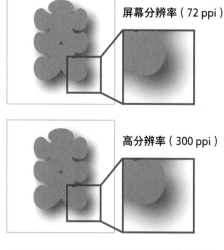

屏幕分辨率（72 ppi）

高分辨率（300 ppi）

"文档栅格效果设置"中的分辨率，会成为投影或发光等栅格效果创建后的分辨率。若设置为低分辨率，会形成像素块形式的渐变。

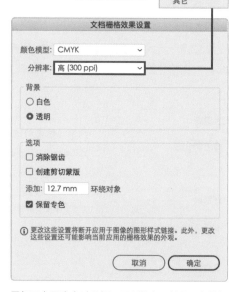

要打开上图这个对话框，可以执行"效果—文档栅格效果设置"命令。

存储或导出时设置分辨率

相关内容｜在"高级"区域进行字体与透明度相关设置，第151页

以 Illustrator 或 InDesign 制作的文档，若以不支持透明的格式存储，则**透明对象与受其影响的部分会栅格化**[10]，原因见第74页。这种情况下的分辨率会受到**"透明度拼合器预设"**[11] 设置的影响。若原本设为低分辨率，就会转换为低分辨率的图像。

★ 10. 透明对象其实有很多，包括使用"正片叠底"等透明效果的对象、包含透明度的置入图像等，其他如"羽化""投影"等也有透明效果。

★ 11. 在 InDesign 中称为"透明度拼合预设"，本书中统一称为"透明度拼合器预设"。

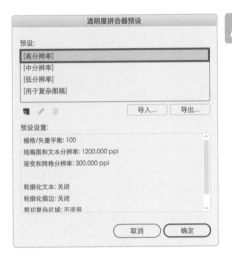

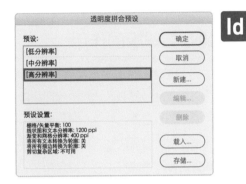

存储文档时对话框中显示的"预设"选项，可在"透明度拼合器预设"对话框中管理。若要打开这个对话框，无论在 Illustrator 还是 InDesign 中，都是执行"编辑—透明度拼合（器）预设"命令。

"透明度拼合器预设"是在存储或导出时进行设置[12]，与"文档栅格效果设置"的分辨率一样，不是在文档内进行设置。

在 Illustrator 中存储文档时，如果要存储为 PDF 格式，可在"存储 Adobe PDF"对话框的"高级"面板中的**"叠印和透明度拼合器选项"**[13] 进行设置；如果存储为 Illustrator EPS 格式，则可以在"EPS 选项"对话框的**"透明度"**[14] 设置。两者都设置为**"预设：高分辨率"**。

在 InDesign 中存储文档时，如果要导出 PDF（打印）格式，可在"导出 Adobe PDF"对话框"高级"面板中的**"透明度拼合"**设置**"预设：高分辨率"**。另外，如果对话框中呈现的是无法编辑的灰色状态，则说明不需要设置。

★ 12. "透明度拼合器预设"可设置的选项虽然在"文档设置"对话框中也有，但即便将这里改为"高分辨率"，存储时的对话框也不会同步。建议执行"文件—文档设置"命令打开"文档设置"对话框来更改。

★ 13. 请参照第151页。

★ 14. 请参照第174页。

"存储 Adobe PDF"对话框的"高级"区域

只有在选择"兼容性：Acrobat 4 (PDF 1.3)"时才可以操作。

"EPS 选项"对话框

只有在导出透明对象时才可以操作。

"导出 Adobe PDF"对话框的"高级"区域

只有在选择"兼容性：Acrobat 4 (PDF 1.3)"时才可以操作。

1-5 认识印刷品的印版

大多数印刷品都是用印版来印刷的。我们制作的付印文件其实是在控制每个印版要印出来的内容。因此，如果能先好好了解印版的概念，制作印刷文件的工作应该会更顺利。

印刷原理与印版的作用

印刷★¹ 的基本原理与印章相似。在印章的印面上，会雕刻出凸面与凹面，只有凸面会黏附油墨。印版与印面的作用相同。让油墨黏附在印版上，形成文字与图案，然后转印到纸张上即完成印刷。

在印刷时，印版的数量与使用油墨的数量相同。使用的油墨若只有单色，则只需要一个印版；若是双色印刷，则需要两个印版。而使用多个印版的印刷，称为"**彩色印刷**"，可以通过"套版"（将不同印版叠

★ 1. 这里所谈的制版原理，并不适用于印刷厂提供的"按需印刷"服务。按需印刷是可定制少量印刷品的服务，无须制版就可以印刷。

印刷效果（单色印刷）

1C 版（粉红油墨）

印刷效果（双色印刷）

1C 版（黄色油墨）

2C 版（绿色油墨）

以上为模拟图，并非实际的印刷品，旨在为读者举出单色印刷与双色印刷的例子。使用多少种颜色的油墨，就需要多少个印版。在图中，黑色和深灰色的部分会上墨印刷，而浅灰色的部分则会转成网点来印刷。

关键词 **分色制版**	别名：分色、分版 是指将使用的油墨颜色分别制版，或是将油墨分色制成的网片。
关键词 **彩色印刷**	是指使用多种颜色的油墨来印刷。使用 2 色油墨称为双色印刷，使用 3 色以上的油墨则称为彩色印刷。

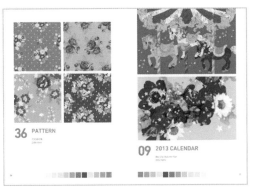

印刷效果（3色印刷）

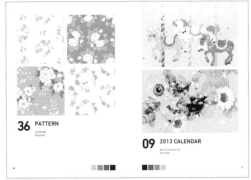

1C版（C油墨）

2C版（M油墨）

3C版（Y油墨）

印在一起）来表现颜色，如混合洋红色与青色就可以调出紫色油墨。在实际印刷时，是通过将油墨**网点化**后叠印来表现颜色的，Adobe软件"颜色"窗口所显示的颜色值就是网点的**覆盖率**[★2]。

　　使用**基础油墨**CMYK，几乎能够表现出所有的颜色。一般所谓的**"彩色印刷"**便是指使用这4种颜色的油墨来印刷。表现基础油墨CMYK的颜色模式是**"颜色模式：CMYK"**，应用此颜色模式的文档在转换后会自动分解成4个印版[★3]，因此适合用来制作彩色印刷用的文件。

★2. 网点的覆盖率，低的是小网点，高的是大网点，"100%"则变成色块。

★3. 电脑显示器上显示为色块的部分，在印刷时会变成网点，严格来说不算相同的东西，但在本书中，在"分色预览"窗口切换显示的图像，或是在"色板"窗口显示的图像，都称为"印版"。

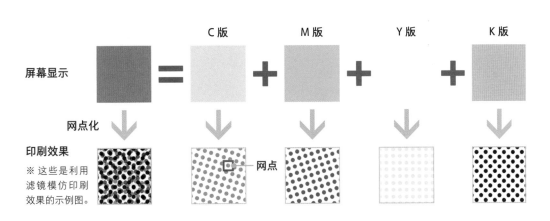

C版　　M版　　Y版　　K版

屏幕显示　=　+　+　+

网点化

印刷效果

网点

※ 这些是利用滤镜模仿印刷效果的示例图。

用软件确认印版的状态

相关内容 | Photoshop 的通道操作，参照第 124 页

在 Adobe 软件中，Illustrator 和 InDesign 都有用于确认印版的状态的**"分色预览"窗口**★⁴。Photoshop 中的**通道 = 印版**，因此可以利用**"通道"窗口**确认每个印版。通过调整图层的"通道混合器"★⁵ 可控制印版的状态。

★ 4. 在 Illustrator 中执行"窗口—分色预览"命令，或在 InDesign 中执行"窗口—输出—分色预览"命令可以打开。

★ 5. "通道混合器"的使用方法请参照第 100 页和第 127 页。

在 Illustrator 中，只要把专色添加到"色板"窗口就会形成印版，从 Illustrator CC 开始，新增了"仅显示使用的专色"，便于锁定印版。

单击"分色预览"窗口左侧的眼睛图标，可以切换"显示"或"隐藏"。若只显示青色，就可以单独检查 C（青色）版的状态。

若只显示黑色，则可以单独检查 K（黑色）版的状态。

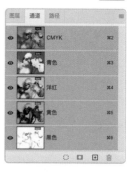

在 Photoshop 的"通道"窗口中，可用缩略图检查通道的图像。若在 Photoshop 中打开印刷用的 Photoshop 文档及 PDF 文档，就可以查看印版的状态。不过，若文档中使用了专色，将会分解成基础油墨 CMYK 并分散到各通道中，因此无法使用这个方法。

屏幕显示 → **印刷效果**

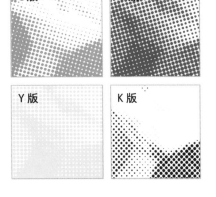

C版 M版 Y版 K版

印刷工艺最后会将每个印版网点化（印刷示例是利用"彩色半调"滤镜模拟出来的）。"通道"窗口的图像并不等于印刷制版的状态，仅供以油墨着色时参考。CMYK显示的色值是用来指定网点的尺寸的，因此印刷行业一般称为"网点覆盖率"（也称"着墨率"），但本书是以Adobe软件来说明的，因此以色值来标记。

印刷色序的影响

在进行彩色印刷时，需要注意叠版的先后顺序，也就是"**印刷色序**"。印刷色序会随着印刷厂、印刷品、油墨及媒介等各种条件改变，对之影响较大的是使用**半透明**与**不透明**油墨的案例。举例来说，在半透明的红色油墨上叠加半透明的白色油墨，会混合成灰暗的红色。类似这种情况，可在制作文件时先预想叠色状态、指定印刷色序，或是与印刷厂事先沟通★6。

ILLUSTRATOR ABC
SUPPLEMENTARY BOOKLET

在牛皮纸上印刷的例子，先印白色油墨，再于其上印刷红色油墨。

建议牢记的叠印

相关内容｜关于叠印，参照第82页

叠印是制版设置的一种，是指与其他印版堆叠印刷。在默认情况下，重叠的对象会设置为**挖空**。除非是非用不可，否则**毫无意义的叠印**会让文档变得很难处理。此外，设置为"K：100%"的对象，在进入RIP（Raster Image Processor，光栅图像处理器）时会自动设置为叠印（自动黑色叠印）★7。如果不小心在付印文件中包含了叠印设置，则印刷时可能会出现意想不到的麻烦。

★6. 一般彩色印刷用的是透明油墨，因此不需要指定印刷顺序。

★7. 自动黑色叠印可参照第88页。

挖空　　　　**叠印**

在青色（C：100%）的对象上重叠洋红色（M：100%）的对象，设置为挖空的状态，则重叠处是洋红色（M：100%）。若把上面的洋红色（M：100%）对象设置为叠印，则重叠部分会变成紫色（C：100% / M：100%）。

关键词

网点覆盖率

即"着墨率"，通常用百分数来表示，因此也叫"网点百分比"，指最终网点化后的网点比例。可用CMYK或灰度的"颜色"窗口来调整。最大值"100%"是色块（印刷上叫"实地"），最小值"0%"则为透明（印刷上叫"空白"），其他的数值比例则会网点化。

1-6 认识裁切标记

裁切标记是为了指定裁切纸张的位置，或对齐彩色印刷的印版位置，而在完稿的四角与边线中央加上的标记。如果能确切地理解裁切标记的制作方法及意图，就可以制作大部分的印刷品文件了。

裁切标记的作用

印刷品通常是先印刷在大张的纸上，再**裁切**[1]成要求的成品尺寸。因此，必须要有**指定裁切位置**的标记。另外，在套叠多个分色印版印刷时，为了**对齐每个印版的位置**，也必须要有共享的标记。具备这两种标记作用的就是**裁切标记**，也称为**裁剪标记**[2]。

★ 1. 印刷厂通常用裁纸机来裁切纸张。

★ 2. 在使用 Illustrator 时，其在打印设置中称为"裁切标记"，在菜单栏的"效果"子菜单下则称为"裁剪标记"。在同一软件内名称不统一的情况其实很常见，建议一并记起来。

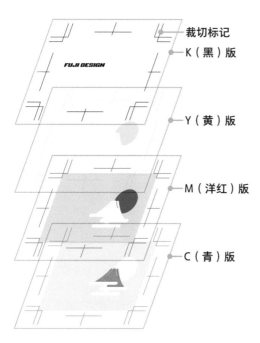

- 裁切标记
- K（黑）版
- Y（黄）版
- M（洋红）版
- C（青）版

一般的彩色印刷，是用基础油墨 CMYK 来印刷的。
此时，会需要 4 块印版。

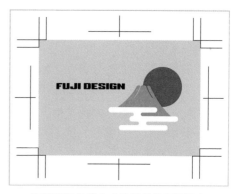

印版堆叠的状态（裁切前的印刷品）

裁切后的印刷品

日式裁切标记与西式裁切标记

　　裁切标记大致可区分为**日式裁切标记**与**西式裁切标记**两种，我们大多使用日式裁切标记。日式裁切标记也称为"**双线裁切标记**"，是由**裁切标记**与**出血标记**所组成的。裁切标记连成的矩形，便是**成品尺寸**。出血标记表示**出血的尺寸**[★3]。

★ 3. 若稿件中使用了满版的文字、图片、色块，则可扩展到出血的缓冲区域为止。出血通常设置为 3 mm，如果是尺寸较大的海报等印刷品，考虑到裁切误差，也可以设置到 5 mm。

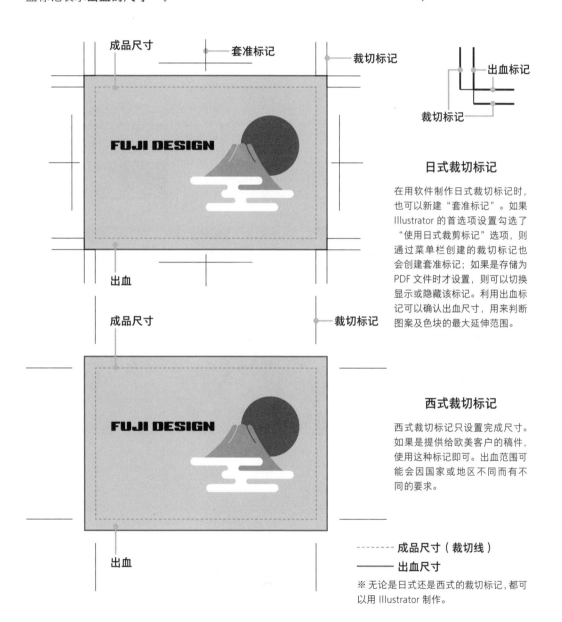

日式裁切标记

在用软件制作日式裁切标记时，也可以新建"套准标记"。如果 Illustrator 的首选项设置勾选了"使用日式裁剪标记"选项，则通过菜单栏创建的裁切标记也会创建套准标记；如果是存储为 PDF 文件时才设置，则可以切换显示或隐藏该标记。利用出血标记可以确认出血尺寸，用来判断图案及色块的最大延伸范围。

西式裁切标记

西式裁切标记只设置完成尺寸。如果是提供给欧美客户的稿件，使用这种标记即可。出血范围可能会因国家或地区不同而有不同的要求。

- - - - - - - - **成品尺寸（裁切线）**
———————— **出血尺寸**

※ 无论是日式还是西式的裁切标记，都可以用 Illustrator 制作。

关键词
成品尺寸

经裁切完成的印刷品尺寸。Illustrator 及 InDesign 在新建文档时输入的稿件尺寸（"宽度"与"高度"）就是成品尺寸。

各种裁切标记

相关内容｜创建裁切标记与折线标记，参照第 186 页

　　日式裁切标记有**裁切标记**、**套准标记**等种类。**裁切标记**可设置成品尺寸，日式或西式都有裁切标记，而套准标记只有日式裁切标记才有，可用来对齐成品**尺寸的中心位置**，有时也会以中心为标准来**落版**[★4]或裁切[★5]，也是很重要的标记。Illustrator 内有制作裁切标记对象的命令。裁切标记和套准标记的位置都不能有误差。

　　折线标记是用来指定折线位置的标记。因为无法通过菜单命令来制作，所以一般用短直线来指定。制作方法请参照第 37 页的说明。

[★4] 一般在印刷杂志及书籍等印刷品时，会在一张大纸上配置多个页面一起印刷，然后再折叠，裁切成所需尺寸。这是比较高效的页面布局操作方式。

[★5] 若付印文件的成品尺寸有错，假设误差为 1 mm 左右，也可以用套准标记对齐中心，以原本的尺寸来裁切。

在制作书籍封面时，为了指定书脊和勒口的折线位置，会使用折线标记。

折线标记

关键词 **裁切标记**	**别名：裁剪标记** 设置在完成尺寸的四角，用来指定裁切线。日式裁切标记的内侧标记是完成尺寸，外侧标记是出血尺寸。
关键词 **套准标记**	**别名：对齐标记、十字对位线** 设置在完成尺寸的上下左右边界的中央，通常是十字线。除了用来指定成品尺寸的中心，也可以保证双面印刷的正反两面对齐。
关键词 **折线标记**	用来指定折页、书籍封面、腰封等印刷品的折线加工位置，通常以短直线来表示。

出血效果

无论裁切的准确度有多高，还是可能发生**裁切误差**[6]。而出血就是让靠近成品尺寸的文字、图案与色块扩展到出血区域，这样一来，即使产生些许裁切误差，也不会露出纸张的白底。

★ 6. 有些印刷品容易发生裁切误差，有些则不会。如果是制作尺寸较小的贴纸等印刷品，边缘可能会产生 1 ~ 2 mm 的误差，在制作文件时必须考虑到这一点。

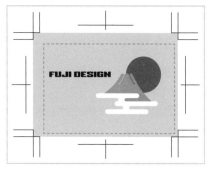

在设置出血的情况下发生裁切误差

在未设置出血的情况下发生裁切误差

----- 成品尺寸
（裁切线）

—— 露出的纸张白底

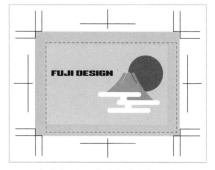

在有框线设计时发生裁切误差

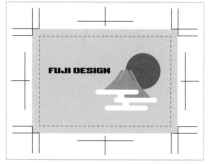

在正确位置裁切的状态

如果设置了出血，即使发生些许裁切误差也不会露出纸张的白底；在没有设置出血的情况下，只要发生些许裁切误差就会露出纸张的白底。此外，如果是带框线的设计，由于印刷精准度的差异，也必须考虑到裁切误差。如果可能产生误差，为了避免误差过于明显，须加粗框线，使其往内侧吃进去一点，或是将框线设置在离成品尺寸稍远的位置。

根据条件改变出血范围

日式裁切标记的双线标记之间的区域就是出血。双线标记间的距离就是出血范围，一般是 3 mm[7]。Illustrator 及 InDesign 都可以制作两种裁切标记，但如果是用 Illustrator 的菜单功能将裁切标记制作成对象，则可设置的出血范围则只有 3 mm。如果是在存储为 PDF 文件时新增裁切标记，则可自由设置出血范围。

★ 7. Illustrator 及 InDesign 中出血的默认值都是 3 mm。根据印刷品的尺寸、种类、印刷及裁切的精准度、国家的不同，默认值也会有所改变。

关键词 出血	别名：满版出血
	满版设置的文字、图案及色块安排在完成尺寸外侧的缓冲区域。

1-7 在Illustrator中制作裁切标记

在 Illustrator 中有制作裁切标记的选项命令，但只能制作裁切标记和套准标记。折线标记只能使用绘图工具来绘制。

用Illustrator菜单创建裁切标记

可通过"对象"与"效果"这两个菜单在 Illustrator 中创建裁切标记。**"对象"**可制作裁切标记的**对象路径**，**"效果"**则是替对象新增**外观属性**。至于使用日式裁切标记还是西式裁切标记，可以提前在**首选项**中设置。

用 Illustrator 制作日式裁切标记

STEP1. 执行"编辑—首选项—常规"命令，勾选"使用日式裁剪标记"。
STEP2. 制作矩形成品尺寸，在"外观"窗口设置为"描边：无""填色：无"。
STEP3. 选择矩形成品尺寸[1]，执行"对象—创建裁切标记"命令[2]。

★ 1. 基础对象的宽度与高度会成为裁切标记的尺寸。矩形以外的形状也可设为基础对象。

★ 2. 执行"效果—裁剪标记"命令，会以外观属性的形式添加裁切标记。此时，如果改变基础对象的尺寸，也会同时改变裁切标记的尺寸，具有可以确认裁切标记尺寸的优点。不过，在将完成稿件交给印刷厂前必须先扩展外观。

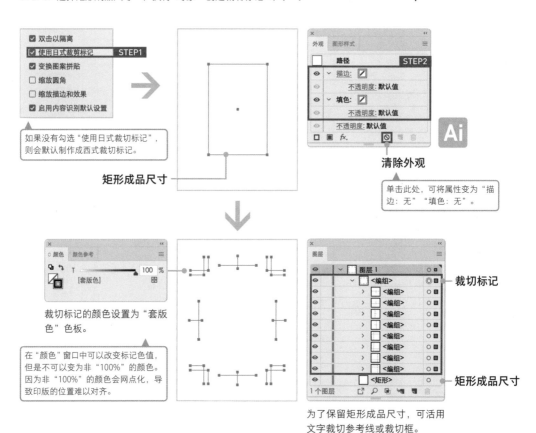

如果没有勾选"使用日式裁切标记"，则会默认制作成西式裁切标记。

矩形成品尺寸

清除外观

单击此处，可将属性变为"描边：无""填色：无"。

裁切标记的颜色设置为"套版色"色板。

在"颜色"窗口中可以改变标记色值，但是不可以变为非"100%"的颜色。因为非"100%"的颜色会网点化，导致印版的位置难以对齐。

裁切标记

矩形成品尺寸

为了保留矩形成品尺寸，可活用文字裁切参考线或裁切框。

28

制作裁切标记时的注意事项

通过菜单来制作裁切标记时，在基础对象的"宽度"和"效果"菜单中设置的"变形"（外观属性）等都会影响裁切标记，如果设置过这些属性，可能会无法准确地制作裁切标记。因此，在制作之前，别忘了要将设置变为"描边：无""填色：无"[3]。

如果制作日式裁切标记，会在成品尺寸的四个角制作裁切标记，然后在向外3 mm处制作出血标记。两者的线段长度都是9 mm。西式裁切标记的单位是inch（英寸），是在离成品尺寸的边角0.25 inch（约6.4 mm）的位置，制作出长0.5 inch（约12.7 mm）的裁切标记。文件的单位，日式裁切标记请设置为"mm"，西式裁切标记则设置为"inch"。裁切标记的路径设置，无论日式或西式都是"描边：0.3 pt""描边：套版"。如果印刷厂没有特别限制，就不需要改变这些设置值。

用"效果"菜单中的"变形"对裁切标记产生影响的例子。

★ 3. 在制作裁切标记时，建议不要用原有的对象来创建，而是另外绘制一个裁切标记专用的矩形作为基础。

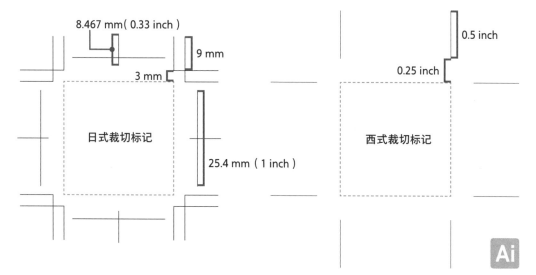

8.467 mm（0.33 inch）

9 mm

3 mm

日式裁切标记

25.4 mm（1 inch）

0.5 inch

0.25 inch

西式裁切标记

Ai

关键词 外观属性	是指利用"效果"菜单应用的变形或装饰效果，以及"描边"或"不透明度"等通过设置值使对象外观产生变化的设置内容。在对对象执行"对象—扩展外观"命令前，如果清除或隐藏外观属性，可恢复对象的原貌。扩展外观后会将变化直接应用到对象上，如果是像素类的外观属性，在扩展后将会栅格化。
关键词 单位	Adobe软件的窗口和对话框中常见的使用单位选项包括点（point）、毫米（mm）和英寸（inch）等。在一般情况下，建议使用国际制毫米。如果需要改变尺寸的单位，可在首选项中更改，或者在标尺上单击右键，从弹出的子菜单中更改。
关键词 套版色	可分色到所有印版的特殊色值，用来应用在裁切标记这类会印在所有印版上的对象。在制作裁切标记时，便会自动替"描边"应用此色板。

用"效果"菜单制作的裁切标记

　　执行"效果"菜单命令制成的裁切标记，会被创建成设置在对象上的外观属性，因为不是对象，所以在付印前必须**扩展外观**[4]。选择应用"裁剪标记"的对象，**执行"对象—扩展外观"命令**即可。

★ 4. 若不需要改变或确认裁切标记的尺寸，利用"对象"菜单制作会比较方便。在制稿过程中以矩形成品尺寸为基础进行设计，付印前再以此为基础制作裁切标记，可防止尺寸出错或者裁切标记改变。

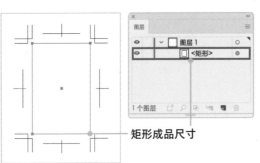

矩形成品尺寸

新增为外观属性的裁剪标记

不同版本软件的裁切标记制作方法

　　与裁切标记相关的菜单与操作，在很大程度上会受到软件版本差异的影响。从 CS3 到 CS4，再到 CS5 的变化尤其明显，以制作裁切标记为例。

　　CS3 及之前的版本：执行"滤镜—创建—裁切标记"命令。

　　CS4 版本：执行"效果—裁切标记"命令（必须先扩展外观）[5]。

　　CS5 及之后的版本：执行"对象—创建裁切标记"命令。

　　由此可知，各版本的名称及菜单的位置都不相同[6]。CS4 版本去掉了可用"对象"菜单制作裁切标记的功能（在 CS5 版本中又恢复了），CS3 及之前的版本用来指定输出范围的裁切区域的职责，在 CS4 版本以后则交给了**画板**，这就相当于废除了裁切区域。这个变化也连带影响了下一页我们要讲解的画板尺寸。

★ 5. CS4 版本在上市之后才发布了可执行"对象—创建裁切标记"命令的扩展模块。

★ 6. 本书大部分都是以 CS5 以后的版本来讲解的，如果你使用的是 CS4 及之前的版本，请参考此处说明。

关键词

"对象"菜单　　Illustrator 菜单栏中的"对象"一栏下的功能包括制作裁切标记对象的"创建裁切标记"，以及"剪切蒙版""扩展外观"等重要功能选项。

关键词

"效果"菜单　　Illustrator 菜单栏中的"效果"一栏，要替对象应用外观属性以改变其外观，或是在应用与 Photoshop 相同的滤镜效果时，可使用这里的功能选项。

画板的尺寸

相关内容｜替代裁切标记的 Illustrator 画板，参照第 38 页

用 Illustrator 制作包含裁切标记的付印文件时，画板的尺寸常常令人困惑。一般来说，有以下两种做法：

①与成品尺寸相同

②包含裁切标记的尺寸

现在很多印刷厂推荐方法①。在当前的输出流程中，以对象形式创建裁切标记和文档中记录的成品尺寸，都是因为认定**画板**很重要[7]。

方法②在 CS3 版本以前是主流，因为那时软件没有将画板指定为成品尺寸的功能。目前，仍有采用这种方法的印刷厂。该方法的优点是整组裁切标记会在缩览图中显示，因此当折线标记及出血外侧写有指示说明时，可以选用这种方法。

除此之外，在 Illustrator 中可制作多个裁切标记与画板，但是付印文件大多禁止包含多个裁切标记与画板[8]。

不论哪种方法，画板及裁切标记都必须**对齐中心**。在采用方法①时，建议先以成品尺寸新建文档，然后把作为裁切标记基础的矩形成品尺寸设置在工作区的中央[9]，接着再制作裁切标记。如果采用方法②，即使改变了画板的尺寸[10]，也不必担心位置出现偏移。

★ 7. 裁切标记与画板的尺寸都是以对齐中心为条件。

★ 8. 以 Illustrator 制作的文档付印有很多禁止事项，如果是以 PDF 文件付印，就在同一个 Illustrator 文档中创建多个画板，分别设计双面印刷的正反两面，可输出多页的 PDF 文件。

★ 9. 在选择矩形成品尺寸后，在"对齐"窗口设置"对齐:对齐画板"，然后单击"水平居中对齐""垂直居中对齐"，即可设置在工作区的中央。

★ 10. 先设置"参考点:中心"，再改变对齐的尺寸。因为对齐的尺寸随时都可以改变，所以也可以等到付印前再设置。

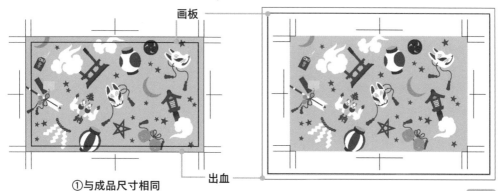

画板

①与成品尺寸相同　　出血　　②包含裁切标记的尺寸

关键词

画板

Illustrator 操作窗口中的黑框区域。红框代表出血范围，文件的出血设置为大于 0 的数值就会显示。Bridge 等处会显示缩览图，预览的是工作区的内侧，若包含多个画板，则会以"画板"面板中最上层的画板作为代表来显示。从 Illustrator 导出位图时，也可以以画板为基础先裁切再导出。此外，在把 Illustrator 文件导入 InDesign 时，也可以选择以画板作为裁切基础。

处理超过出血的内容

　　超过出血范围的文字或图案如果压到裁切标记，会让裁切标记变得难以辨识。建议利用**剪切蒙版**遮盖超出的部分，以方便印刷厂处理文件。请将矩形成品尺寸放大至出血，用来制作遮盖用的剪切路径。

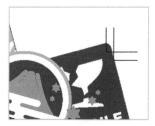

超过出血范围的图案压到了裁切标记，变得难以辨识。

用剪切蒙版遮盖超过出血范围的部分

STEP1. 选择矩形成品尺寸，执行"对象—路径—偏移路径"命令。

STEP2. 在"偏移路径"对话框设置"位移：3 mm"，然后单击"确定"。

STEP3. 将此矩形配置在最前面，然后选择所有对象，执行"对象—剪切蒙版—创建"命令。

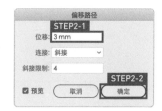

在"偏移路径"对话框输入出血的宽度。

Ai

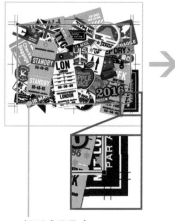

矩形成品尺寸

再次利用作为裁切标记创建基础的矩形成品尺寸（请参照第 28 页）。

上下左右位移复制 3 mm 的矩形

剪切蒙版

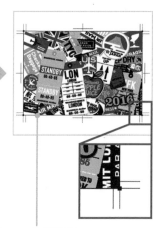

制作确认裁切用的边框

　　在 Illustrator 中，仅凭裁切标记很难想象成品效果（裁切后的状态）。但有无出血设置就会改变成品效果给人的印象。建议将确认裁切用的边框另外绘制在新的图层上，只要显示或隐藏该图层就可以确认成品效果。在制作这个边框时，只要将矩形成品尺寸[11] 设置为粗描边，然后在"外观"窗口中设置**"对齐描边：使描边外侧对齐"**即可。为求方便，本书称之为**"裁切框"**。

　　还有一种方法是先以裁切框为基础进行设计，在付印前再以裁切框为基础制作裁切标记[12]。因为是在最后添加裁切标记，可避免制作文件过程中不小心改变裁切标记路径等情况发生。

★ 11. 像是模切贴纸这类成品不是矩形的情况，可使用刀版路径（请参照第 188 页）。

★ 12. 先选择"外观"窗口的"清除外观"，将对象改变为"描边：无""填色：无"，然后再进行制作。

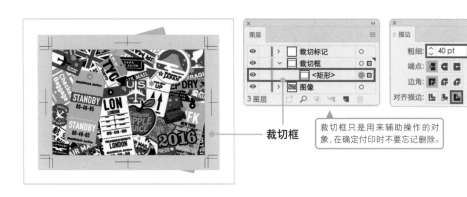

裁切框

裁切框只是用来辅助操作的对象，在确定付印时不要忘记删除。

用绘图工具绘制折线标记

相关内容 | 创建裁切标记与折线标记，参照第 186 页

用"直线段工具"及"钢笔工具"等绘图工具绘制的路径也可以作为裁切标记。**折线标记无法通过菜单制作，只能用以下方法手动制作。**

用工具绘制书脊的折线标记

STEP1. 绘制短线段[*13]，设置"描边：套版色""描边宽度：0.3 pt""填色：无"[*14]。

STEP2. 把垂直线段移动到折线的位置[*15]，并将矩形成品尺寸设置为关键对象，然后设置"垂直均分间距""分布间距：3 mm"，让垂直线端点贴齐出血。

STEP3. 执行"对象—变换—移动"命令，让书脊宽度往水平方向移动复制[*16]。

STEP4. 使用"成品尺寸的高度 + 垂直线的长度 + 出血（6 mm）"作为设置的数值，往垂直方向移动复制。

★ 13. 通常会将折线标记的长度设置为 10 mm 左右。若是上下折叠，则要绘制水平折线。

★ 14. "描边"的设置建议根据已有的裁切标记。若文档中没有裁切标记，可先通过"对象"菜单制作适当的裁切标记，取其设置值。

★ 15. 在"变换"窗口设置"X"的数值。在定位移动位置时建议使用"变换"窗口。

★ 16. 裁切标记的移动复制也可以通过"效果—扭曲和变换—变换"命令实现。这样的裁切标记会被创建成外观属性，比较容易适应折线位置的改变。不过，付印之前必须先扩展外观。

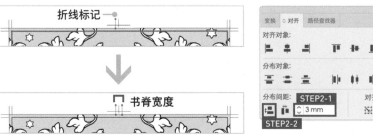

折线标记

书脊宽度

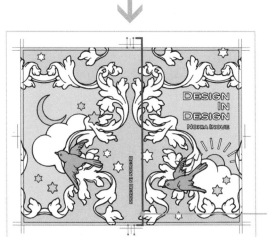

DESIGN IN DESIGN
NOKIA INOUE

垂直线的长度 + 出血（3 mm）+ 成品尺寸的高度 + 出血（3 mm）

1-8 在存储为PDF文件时添加裁切标记

Illustrator 及 InDesign 在存储为 PDF 文件时也可以添加裁切标记。
除了裁切标记的"类型"及线条"粗细",还可以改变出血范围。
裁切标记的规格多少有点差异,但指示的内容是相同的。

在存储为PDF文件时添加裁切标记

相关内容｜在"标记和出血"区域添加印刷标记,参照第 148 页

Illustrator 及 InDesign 也可以在存储为 PDF 文件时添加裁切标记。
除了可以设置裁切标记的**类型**[1]和**粗细**[2],也可调整**出血范围**。制作裁
切标记的成品尺寸基础,在 Illustrator 中是指"画板",在 InDesign 中
则是指"页面"。为了在正确的位置制作裁切标记,存储前请务必确认
尺寸[3]。

用 InDesign 导出含裁切标记的 PDF 文件

STEP1. 执行"文件—导出"命令[4],选择"格式:Adobe PDF(打印)"。

STEP2. 在"导出Adobe PDF"对话框中切换到"标记和出血"面板。

STEP3. 在"标记"区勾选必要的裁切标记,然后在"出血和辅助信息区"设置出血范围,最
后单击"导出"。

★ 1. 在 InDesign 中,选
择"日式标记,圆形套
准线"或"日式标记,十
字套准线"会添加日式
裁切标记;选择"默认"
则会添加西式裁切标
记。若选择"默认"后
勾选"出血标记",可以
让西式裁切线以双线进
行标记。

★ 2. 系统建议的裁切
标记的粗细不一定符合
印刷厂的要求,因此制
作前要先确认印刷厂的
完稿须知。

★ 3. 画板的尺寸是单
击"画板工具"后在"控
制"面板确认;页面的
尺寸则是执行"文件—
文档设置"命令后在对
话框中确认。

★ 4. 如果使用 Illustrator
来存储 PDF 文件,可以
执行"文件—存储为"命
令,选择"格式:Adobe
PDF (pdf)"。

关于裁切标记的规格设置

　　在 InDesign 中导出 PDF 文件时添加的是日式裁切标记，裁切标记与出血标记的长度都是 10 mm[5]。套准标记是由 10 mm 与 20 mm 的线段组成，也是适当的长度。西式裁切标记则是由裁切标记 15 pt、出血标记 18 pt 组成。

　　选择"类型：默认"制作的西式裁切标记，即使勾选"使用文档出血设置"项目，默认的"位移：0 mm"还是会保持原设置不变，裁切标记会设置在贴合页面边缘的位置。因此，会出现裁切标记被出血"吃掉"的状态，为防止万一，通常会让印刷厂再检查一次文件。要将裁切标记设置在出血的外侧，可以将**"位移"**[6]设置为等于或大于出血的数值。

　　文档使用的单位，选择日式裁切标记时设置为**"毫米"**，选择西式裁切标记时设置为**"点"**（pt），即可变成适当的数值。不论日式或西式，**"描边"**都设置为**"套版色"**，描边的粗细则会对应"导出 Adobe PDF"对话框中设置的**"粗细"**。

★ 5. InDesign 在添加裁切标记并导出文件时，PDF 文件的"尺寸"会变成在出血尺寸基础上，上下左右各增加 10 mm 的大小。

★ 6."位移"用来指定内裁切标记到页面边缘的距离。

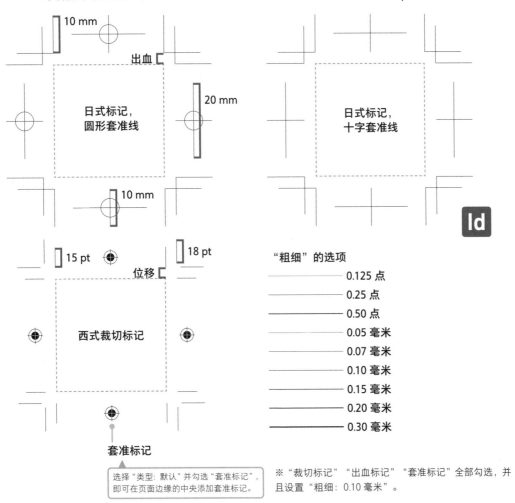

选择"类型：默认"并勾选"套准标记"，即可在页面边缘的中央添加套准标记。

※ "裁切标记""出血标记""套准标记"全部勾选，并且设置"粗细：0.10 毫米"。

在 Illustrator 中存储 PDF 文件时添加的裁切标记与在 InDesign 中制作的裁切标记的长度及规格有一定差异。不论日式或西式，裁切标记都是 9.525 mm，日式裁切标记追加的套准标记则是由 9.525 mm 与 19.05 mm 组成。此外，"存储 Adobe PDF"对话框的设置也有些许差异，西式无法设置出血标记。"粗细"的选项也比 InDesign 少[7]。

"Adobe PDF 预设"虽然是 Adobe 软件共享，但即使选择相同的预设值，裁切标记的规格也不一定相同。不过，指示内容并没有改变，因此在使用时并不会有障碍。另外，Photoshop 同样也可用"Adobe PDF 预设"来存储 PDF 文件[8]，但是无法添加裁切标记。

★ 7. 可以使用 PDF 文件印刷的印刷厂，大多会提供完稿须知，建议仔细阅读并参照印刷厂的要求设置。此外，也有很多印刷厂会发布"Joboption"配置文件。Joboption 的使用方法，请参照第 138 页。

★ 8. 也可能会出现无法共享的情况。

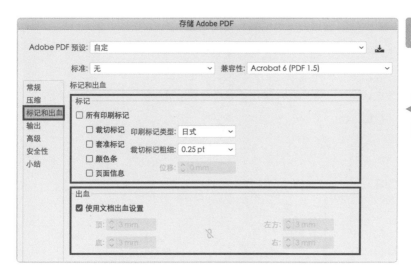

印刷标记类型的选择与 InDesign 一样，若选"西式"，必须设置"位移"。

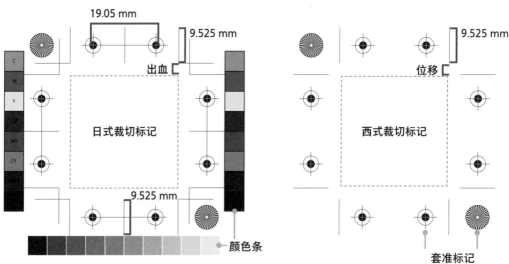

※ 勾选"裁切标记""套准标记"，并且设置"裁切标记粗细：0.25 pt"。Illustrator 2020 之前的版本只有"日式裁切标记"会新增"颜色条"。

※"日式裁切标记"若要追加十字对位线，须勾选"套准标记"。

裁切标记"粗细"的选项
———— 0.125 点
———— 0.25 点
———— 0.50 点

1-9 处理无裁切标记的文件

目前，有很多印刷厂也接受无裁切标记，直接以出血尺寸文件付印的方式。具有代表性的有 PDF 文件与 Photoshop 文件，两者的条件都是四边一致的出血范围。

无裁切标记的付印文件

有些 PDF 付印文件是没有裁切标记的（仅在成品尺寸的四周加上出血的 PDF 文件）。例如，如果我们试着用 Acrobat Pro 打开用印刷厂的 Joboption（PDF 预设）另存的 PDF 文件[1]，可能会发现文件上居然没有裁切标记，难免会担心这样会有问题。

习惯使用 Illustrator 的设计师或许会对没有裁切标记的付印文件感到不放心。以前即使是制作一张明信片尺寸的位图，也会用 Illustrator 加上裁切标记，然后将明信片图像文件置入后再付印。

但如果知道用 InDesign 付印的文件和用出血图付印的 Photoshop 文件[2]这两种方法，应该就能理解没有裁切标记的可行性。因为如果文件上下左右的出血设置一致，即可判定成品尺寸的中心，这样就能落版，因此不会产生问题。

★ 1. 用 Illustrator 打开没有裁切标记的 PDF 文档，画板会变成出血尺寸。

★ 2. 这是拼版印刷或少量数码印刷常用的方法。关于 Photoshop 格式的付印文件，请参照第 169 页。

用裁切标记与画板指定成品尺寸

只用画板指定成品尺寸

※ 用 Illustrator 制作的付印文件，"只用画板指定成品尺寸"的付印方式现在比较少见。

Photoshop 付印用的文件。文件的"尺寸"即出血尺寸。

在 Illustrator 中另存的 PDF 文件。在 Acrobat Pro 的"首选项"对话框"页面显示"面板中勾选"显示作品框、裁切框和出血框"，就会用绿色的框线标示出成品尺寸。

替代裁切标记的Illustrator画板

Photoshop 及 InDesign 的可绘图区域是白色的，其他区域则是灰色的，可明确区分画布或页面的范围。因此，将画布或页面直接当作成品尺寸，使用者很自然地就能接受。反观 Illustrator，虽然有"画板"可当作区域划分，但因为只用黑框标示，在制作文件时其实还是可以操作到黑框外的区域；而且通过打印区域的设置，画板区域以外的部分也可印刷出来，所以不会让人产生"画板＝成品尺寸"的感觉。

关于这点也是有其来由的。Illustrator 的画板在 CS3 版本以前是作为制作区域的界限，对印刷结果不会造成影响。不过到了 CS4 版本以后，画板取代了的裁切区域，发挥了**指定导出范围**的作用，因此变得相当重要[3]。现在不只可以指定范围，也可以用来**指定成品尺寸**，而且可利用**多个画板**，制作出多页 PDF 文件。

使用Illustrator的菜单及绘图工具制作的裁切标记[4]只是路径的集合体（对象），因此处理方式与文件中的其他对象没什么不同。除非是用外观属性制作，否则很难发现尺寸错误，也可能发生位置偏移、颜色变化等非预期的改变。由于这些人为错误的可能性，比起无法确保正确性的裁切标记，能够用数值确认尺寸，在机械端可明确识别的"画板"，作为成品尺寸更值得信赖是必然的趋势。

不过以目前情况而言，大部分印刷厂仍建议用 PDF 文件作为付印文件，很少有印刷厂接受没有裁切标记的 Illustrator 文件，因为这样会让文件的成品尺寸变得不明确[5]，可能导致设置错误或耽误交货。当裁切标记与画板的位置有偏差时，也有些印刷厂会明确指出是由于把裁切标记当成了成品尺寸的缘故。

★ 3. Illustrator 中裁切区域的停用，对制作裁切标记的菜单也有影响。请参照第 30 页。

★ 4. 若将用户制作的裁切标记当成成品尺寸，印刷厂落版时也可能会重新添加。

★ 5. 若是同时指定裁切标记与工作区域，裁切标记可作为用户的设定（想法），工作区域则作为落版时的标准。

裁切标记与画板的位置有偏差的状态

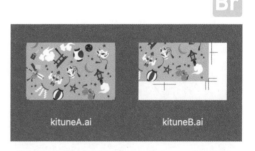

kituneA.ai　　　　kituneB.ai

画板的位置也会影响其在 Finder 与 Bridge 中的缩略图。缩略图会显示画板连同出血的范围。裁切标记及画板的位置若有偏差，则缩略图不会显示完整的内容。

1-10 预防文字裁切的参考线

在制作文件时，如果把文字放在贴近成品尺寸边界的位置，之后可能会因为裁切误差而导致缺字（切掉字），从而影响阅读。要预防这类"文字裁切"的问题，建议活用参考线。

注意安全区域

因裁切误差而导致成品边缘缺字的情况称为**"文字裁切"**[1]。只要把文字及图案配置在成品尺寸内侧的安全区域,应该就能预防文字裁切。一般而言，成品尺寸往内侧 3 mm 以上的位置即算安全，不过这个标准可能会因为裁切的精准度、印刷品的尺寸与种类[2]而改变。

活用参考线

要在制作过程中随时确认安全区域，可利用 Adobe 软件的**参考线功能**事先创建好安全区域的参考线（**文字裁切参考线**）。参考线不会印刷出来，所以付印前也不需要删除。此外，也可以活用参考线来指定裁切线、折线、打陇线、洞孔等。

Adobe 软件中若有显示**标尺**[3]，可用鼠标从标尺处拖移出水平或垂直的参考线。Illustrator 具备**将路径转换为参考线**的功能，因此可处理不规则形状的成品文件。若结合第 32 页制作矩形出血尺寸时用过的**"偏移路径"**复制技巧，也可以简单制作作为文字裁切参考线基础的路径。

用 Illustrator 制作文字裁切参考线

STEP1. 选择矩形成品尺寸，执行"对象—路径—偏移路径"命令。
STEP2. 在"偏移路径"对话框中设置"位移 : -4 mm"，然后单击"确定"。
STEP3. 执行"视图—参考线—创建参考线"命令。

★ 1. 有些设计会刻意表现文字裁切的效果。如果是这种状况，建议在输出样本和成品文件规格要求文件内备注说明。若没有特别说明，印刷厂很可能会协助调整为没有裁到文字的状态。此外，像是故意模拟套印不准等特殊表现风格的设计手法，为避免被误认为是错误而修正，同样建议备注说明。

★ 2. 页数多的骑马订手册，容易因切口的裁切误差而导致较靠近手册中央的文字被裁切。因此，骑马订手册若将页码设置在切口时也须注意。此外，印刷厂为了配合切口的裁切位置，也可能会将页面往订口处挪动。这种处理方式，称为"CREEP 处理"。

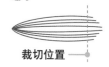

裁切位置

★ 3. 要显示标尺，在 Illustrator 中应执行"视图—标尺—显示标尺"命令；在 InDesign 中执行"视图—显示标尺"命令；在 Photoshop 中执行"视图—标尺"命令。这些软件都是在"视图"菜单中寻找标尺的开关。

关键词 文字裁切	是指把文字放置在贴近成品尺寸边界的位置，成品文件因裁切误差而缺字的情况。为了预防这种问题而制作的参考线称为"文字裁切参考线"或"安全参考线"。

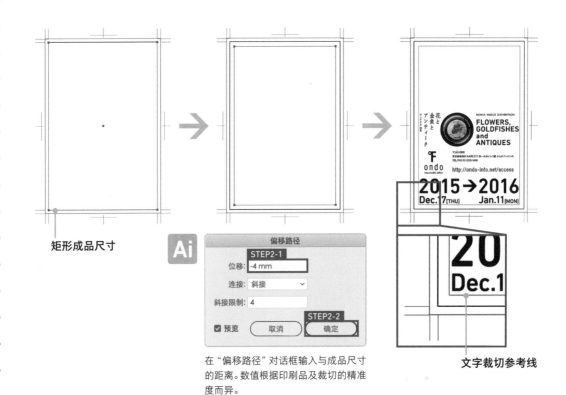

矩形成品尺寸

文字裁切参考线

在"偏移路径"对话框输入与成品尺寸的距离。数值根据印刷品及裁切的精准度而异。

在使用 InDesign 或 Photoshop 时，无法像 Illustrator 一样直接将路径转换为参考线，只能依靠标尺及菜单制作水平或垂直参考线。Photoshop 若利用**参考线配置的"边距"**，可快速制作上下左右的参考线。

利用 Photoshop 制作参考线

STEP1. 执行"视图—新建参考线版面"命令。

STEP2. 在"新建参考线版面"对话框中勾选"边距"，在"上""左""下""右"输入相同数值，然后单击"确定"即可。

输入"出血 + 与成品尺寸之间距离"的数值。

为了避免不小心移动做好的参考线，建议将参考线**锁定**。在 Illustrator 中是执行"视图—参考线—锁定参考线"命令，在 InDesign 中是执行"视图—网格和参考线—锁定参考线"命令，而在 Photoshop 中则是执行"视图—锁定参考线"命令，不论使用哪一个软件都可以从"视图"菜单中找到。另外，InDesign 在页面中编辑画面时，本来就无法选择主页的参考线，因此不锁定也没有关系。

参考线

第二章

构成付印文件的要素

2-1 可供印刷的字体

在制作付印文件时必须注意，并非所有安装在电脑中的字体都可以正常显示并印刷出来。不过，若是采取 PDF 付印方式，或是在付印前已经将字体轮廓化（俗称转曲）或栅格化，则大可不必对字体使用太过紧张。

根据付印方式判断字体可否使用

电脑中的字体能否用于最终印刷，因付印方式而异。就结论来看，若付印的文档已经将文字**轮廓化**[1]或栅格化，则这些字体都可以使用。因此，如果是用**将文字转曲的 Illustrator 文件**或是将文字栅格化的 **Photoshop 文件**[2]，那么在字体使用上应该都没有问题。如果是以 **PDF 文件付印**，只要文件使用的字体能嵌入 PDF[3] 即可。而大部分的字体都是能嵌入 PDF 文件的，所以也不必担心。

需要仔细检查字体的情况，包括以 **InDesign 文件付印**，以及**文字没有转曲的 Illustrator 文件付印**。若文件中包含印刷厂未安装的字体或者无法添加的字体，最后印刷出来的成品可能会不太一样。尽管如此，接受这类付印形式的印刷厂，大多备有多套字体，如果使用 Adobe 软件及操作系统附带的字体或者市面上专为印刷用途开发的字体，那么大部分的印刷厂都足以应付。如果想弄清哪些字体可以使用，可以仔细阅读印刷厂的完稿须知或直接向印刷厂咨询。

★ 1. 通常称为 "转曲"。目前，可供使用的字体大多允许转曲，因此本书是以此为前提进行说明的。在此先忽略无法转曲的字体。

★ 2. 如果是一般拼版印刷或是少量数码印刷，在使用 Illustrator 付印时，大多都会要求先将文字转曲。

★ 3. 想知道哪些字体无法嵌入，可参考第 43 页说明，打开 "查找字体" 对话框来搜索。如果对话框显示 "限制:无法嵌入 PDF 或 EPS 文档"，表示该字体无法嵌入，请避免使用。

不同文字处理方式的优缺点

付印文件中各种文字处理方式的优缺点如下表所示，请灵活运用。

处理方式	优点	缺点	付印形式
文字转曲或栅格化	· 制作过程中不必担心字体是否可用 · 印刷不受限，不影响交货时间	· 印刷厂无法修改 · 需要花时间转曲 · 转曲前须先备份	· 以文字转曲的 Illustrator 文件付印
文字未转曲或栅格化 （直接付印）	· 印刷厂可以修改 · 省去文字转曲或图片栅格的时间	· 受限于电脑环境，一旦出问题就会影响交货时间 · 须先辨别可用字体和不可用字体后才能使用	· 以 InDesign 文件付印 · 文字没有转曲的 Illustrator 文件付印
字体嵌入文件	· 不受限于电脑环境，印刷不受限，不影响交货时间 · 省去转曲的时间 · 存储或导出为 PDF 文件时会自动嵌入，因此不需要备份	· 印刷厂无法修改 · 无法使用未嵌入的字体	· 以 PDF 文件付印

查询字体类型

在 Adobe 软件执行"文字—字体"命令，即可查看电脑里安装的字体。这些字体会根据其样式与结构划分成不同种类，称为"字体类型"。在字体菜单中的字体名称旁边会显示图示★4，可根据图标判别字体类型。

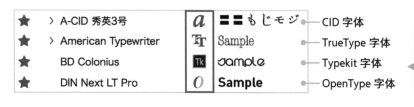

- A-CID 秀英3号 ─── CID 字体
- American Typewriter ─── TrueType 字体
- BD Colonius ─── Typekit 字体
- DIN Next LT Pro ─── OpenType 字体

★ 4. 若发现字体名称旁边没有图示，请在 Illustrator 或 InDesign 中打开"首选项"对话框，切换到"文字"面板勾选"启用菜单内字体预览"。

"Typekit"并不是字体类型，而是 Adobe Creative Cloud 提供的订购字体服务，使用该服务安装的字体是 Open Type 等字体。

要查询文档中使用了什么字体，InDesign 可利用**"查找字体"**对话框★5，Illustrator 可通过**"文档信息"**窗口。除了字体类型，还可以确认字体文件的存储位置、能否嵌入等信息。

★ 5. 由于 Illustrator 的"查找字体"对话框不会显示字体的详细信息，因此建议改用"文档信息"窗口来查询。

用 InDesign 的"查找字体"对话框查询字体

STEP1. 执行"文字—查找字体"命令。
STEP2. 在"查找字体"对话框中单击"更多信息"，然后单击字体名称。
STEP3. 在"信息"中确认后，单击"完成"关闭对话框。

查找字体

文档中的 31 个字体　　图形中的字体: 0　缺失字体: 0

字体信息	激活
Adobe 宋体 Std L	
STEP2-2 old	
DINOT (OTF) Medium	
Kozuka Gothic Pro R	
Kozuka Gothic Pro R	
Kozuka Mincho Pr6N R	
Osaka Regular	

STEP3-2　完成
查找第一个
更改
全部更改
更改/查找

替换为:
字体系列: Adobe 宋体 Std
字体样式: L
☑ 全部更改时重新定义样式和命名网格

在 Finder 中显示
较少信息
STEP2-1

Id

默认会显示"更多信息"。若单击"较少信息"，则可以关闭"信息"栏，即可恢复默认设置。

STEP3-1

信息
字体: Adobe 宋体 Std L
PostScript 名称: AdobeSongStd-Light
样式: L
类型: OpenType CID
版本: Version...rsion 5.017;PS 5.002;hotconv 1.0.67;makeotf.lib2.5.33168)
限制: 正常
路径: /Users/apple/Library/Fonts/AdobeSo0.otf
字数统计: 1316
样式计数: 0
样式:
页面: 206,194,190-191,193,189,185-187,180,182-183,178-179,175-177,173,17

"类型"可确认字体类型。"OpenType CID"是指以 PostScriptz 为基础的 OpenType 字体。"OpenType Type1"是指把 Type1 字体转换为 OpenType 字体。

关键词

字体类型

别名: 字体格式
字体形式的种类。不同时期的主流字体类型有所差异。

用 Illustrator 的"文档信息"窗口查询字体

STEP1. 选择文字，然后执行"窗口—文档信息"命令。

STEP2. 从"文档信息"窗口的下拉菜单中勾选"字体详细信息"与"仅所选对象"。

STEP3. 在"文档信息"窗口中确认字体的详细信息。

★ 6. 这 4 个类型的字体，InDesign 付印文件或文字没有转曲的 Illustrator 付印文件都可以使用，不过有的印刷厂会要求必须将 TrueType 字体转曲。

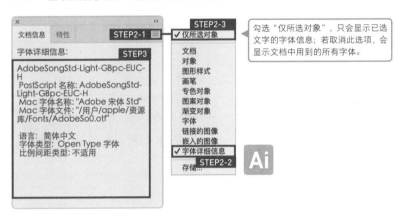

字体类型

执行"文字—字体"命令可以看到各式各样的字体陈列其中。乍看觉得繁杂，难以整理，如果对其加以分类，大致可分为以下 4 种类型★6。

字体类型	概要	支持	不支持
OpenType字体 （OpenType fonts） Adobe 公司与微软公司开发	现在普遍可稳定用于付印文件的字体类型。Mac OS 与 Windows 操作系统皆可使用相同的字体（跨平台）。可呈现高精准度的文字结构 即使输出设备没有打印机字体，仍可高质量输出（动态下载）	·创建轮廓 ·PDF 嵌入 ·字偶间距 ·异体字替换	
CID字体 （Character Identified-Keyed fonts） Adobe 公司开发	PostScript 字体格式，是最先存有字偶间距信息的字体类型。Windows 系统不支持	·创建轮廓 ·PDF 嵌入 （1999 年以后） ·字偶间距 ·异体字替换	
TrueType字体 （TrueType fonts） Apple 公司与微软公司开发	早期就有的字体类型，现在也可用于付印文件。不过其中也包含无法创建轮廓、乱码等无法使用的字体	·创建轮廓 ·PDF 嵌入 ·异体字替换	·字偶间距
Type1字体 （Type1 fonts） Adobe 公司开发	英文 PostScript 字体格式。也是早期就有的字体类型，可用于付印文件。OpenType 字体之前的 PostScript 字体几乎都是 Type1 字体		

关键词

创建轮廓

别名：文字转曲

将用文字工具输入的文字转成矢量图，也就是用路径描绘每个笔画的外框。由于是矢量图，放大、缩小都能保持文字轮廓的平滑度，是一种可缩放的字体（Scalable font）。至于文字轮廓，PostScript 是使用三次贝塞尔曲线来表现的，而 TrueType 字体则是使用二次 B-splines 曲线来表现的。三次贝塞尔曲线的自由度较高，用少量的点即可表现曲线，因此可以压缩文档的体积。在 DTP 普及以前，都是使用"位图字体"，因为是用像素的集合体来处理文字形状，因此放大后文字轮廓会变粗糙。

字体类型的历史

OpenType 字体是当今的主流字体，可稳定用于付印文件，主要原因在于它是最新的字体类型。较旧的字体类型往往会由于操作系统不再支持等原因渐渐被淘汰。字体类型的历史，从实操层面来看，即使不了解也不会给工作造成障碍，但稍微熟悉个中脉络，会比较容易判断是否需要分辨字体类型，倘若未来出现新的趋势，也可灵活应对。下面将简单说明字体类型的历史，心急的读者也可以跳过这部分内容。

PostScript(页面描述语言)过去是印刷业界的标准，它和 PostScript 字体都是由 Adobe 公司开发的。在此之前的页面描述语言会根据印刷机厂商而有所差异，因此会发生印刷机变了，印刷结果也跟着改变的情况。相对于此，通用程序语言 PostScript 不受限于设备，使用不同印刷机也可以呈现相同的印刷结果。Adobe 公司将 PostScript 与 Type1 字体成套提供给印刷机厂商，使得 PostScript 字体迅速普及，进而成为业界标准。

由于 Adobe 公司独占市场，其他公司产生了危机感，因此 **Apple 公司**与**微软公司**携手合作，开发出不依赖 PostScript 的转曲字体，也就是 **TrueType 字体**。两者的目的都是开发出能搭载于自家操作系统（ Apple 公司是 Mac OS、微软公司是 Windows ）的标准字体。这些 TrueType 字体有些已经预装在操作系统中，或是以合理的价格出售，因此即使不是印刷专业人员，也可以使用具有平滑显示效果与印刷结果的 TrueType 字体。

为了与上述公司抗衡，Adobe 公司又推出了非 PostScript 印刷机也可以印刷 Type1 字体的 ATM[★7]。在竞争日益激烈的情况下，ATM 得到了普及，Adobe 公司再次掌握霸权。

★ 7. Adobe 公司为了让非 PostScript 印刷机的印刷和画面显示更加流畅，进而开发出 Adobe Type Manager（ Adobe 字体管理系统 ），将 ATM 和与之对应的 ATM 字体(PostScript 字体)组合使用。此技术会使用画面显示用的转曲文档，让非 PostScript 印刷机也能够印出漂亮的文字。若是使用 PostScript 印刷机，则可以选择印刷机内安装的字体或画面显示的字体来印刷。

关键词

PostScript

Adobe 公司在 1984 年开发的程序语言，是一种可指示印刷机绘图的 "页面描述语言"，可以处理文字、图形、图像等页面的构成要素。由于 PostScript 是通用程序语言，因此具备不受限于设备的 "设备独立性"。

关键词

PostScript字体

别名：PS 字体

Adobe 公司开发的 PostScript 编码形式的转曲字体，有 Type0、Type1、Type2 等不同 Type 的种类。不只有 Type1 字体，也包含 OCF 字体、CID 字体、OpenType 字体，现在付印文件用的字体大多属于此类。

日文字体界也掀起过一股 PostScript 的浪潮，但是非同寻常的文字数量是一大难关。最初的日文 PostScript 字体由森泽公司开发，他们在取得 Adobe 公司的 Type1 字体授权后，于 1989 年开始发售"龙明体 L-KL"与"中黑体 BBB"这两套字体。这些字体采用的类型是由多个 Type1 字体组合构成的 **OCF 字体**[8]。Type1 字体可收录的文字数量最多为 **256 个**，但是日文输入必须包含 JIS 规格[9]一级汉字（2965 个）、二级汉字（3390 个），近 7000 个字，256 个字显然不够用。为了解决上述问题，权宜之计是将 Type1 字体分成 256 个字符，再将其中的多个组合起来。

在此之后出现的是 **CID 字体**，这个字体的设计从一开始就考虑到要支持日文，同时增加可收录文字的数量。CID 是 Character Identifier 的缩写，是指替每个文字标注管理识别用的编号。这种字体类型，是由文字的"转曲文件"、字符集与 CID 绑定的"CMap 文件"共同构成的。相较于 OCF 字体，CID 字体的结构更加简单，在不同的编码环境中也可灵活应对。此外，异体字替换及字偶间距实现了更高级的日文排版，再加上文字的转曲，以及 1999 年时出现的字体可嵌入 PDF 文件技术的发展，使得没有安装字体的作业环境也能显示字体，让其应用范围变得更加广泛。不过这种字体在 Windows 系统中无法使用。

跟在 CID 字体之后诞生的才是现在蔚为主流的 **OpenType 字体**[10]。OpenType 字体在 Mac OS 及 Windows 系统中皆可使用，不仅继承了 CID 字体的特点，也具备更高级的排版功能，堪称最适合印刷用途的字体类型。

★ 8. OCF 是 Original Composite Format 的缩写。

★ 9. 日本工业规格。根据工业标准化法，受理日本工业标准调查会的报告，由主务大臣制定的工业标准。JIS 是 Japanese Industrial Standards 的缩写。

★ 10. 字体的转曲文件收录了 TrueType 形式或 PostScript 形式中的一个，也可能是两者都有收录。以 TrueType 为基础的 OpenType 字体是用二次 B-splines 曲线来绘图，以 PostScript 为基础的 OpenType 字体是用三次贝塞尔曲线来绘图。OpenType 的英文字体，有许多是以 TrueType 为基础的。

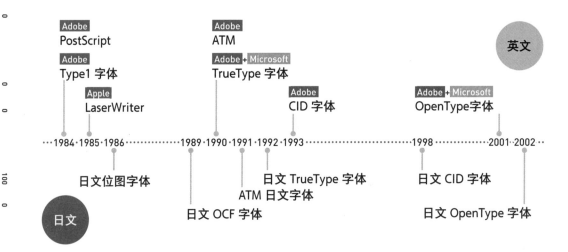

根据字体供应商和服务分类

付印前不先将文字转曲，常会因**字体供应商**和**服务**在字体的使用上受到限制，或是有其他需要注意的事项[11]。举例来说，若是付印文件中有操作系统附属字体，或是有存在版本差异的 Adobe 软件自带字体，可能在付印过程中会因为不支持而出现乱码，或者会改变原本的文字排版样式。

★ 11. 在印刷厂的完稿须知中通常会特别提醒与之相关的注意事项，包括使用者经常会遇到的问题。不过，如果直接询问印刷厂，也有可能可以使用。

字体	说明	本地字型	PDF
操作系统附属字体	操作系统中自带（附属）的字体 在 Mac OS X 系统中有"冬青黑体""俪黑体"等。在 Windows 系统中有"新细明体""标楷体"等 这类字体会依存于操作系统的版本，付印时可能会被要求转曲	△	○
Adobe软件自带字体 Adobe公司	Adobe Creative Cloud、Adobe Creative Suite 等 Adobe 软件自带的字体，有"小塚明朝""小塚ゴシック"等 若要使用小冢字体，建议使用和 Adobe 软件版本捆绑的类型	○	○
森泽PASSPORT 森泽公司	森泽公司的授权产品。除了森泽公司的所有字体，还可使用"ヒラギノ"（Hiragino）字体、TypeBank 字体、英文字体、多语言字体。字体会有更新，使用前建议升级到最新版本	○	○
FONTWORKSLETS FONTWORKS 公司	FONTWORKS 的授权产品。可使用 FONTWORKS 的所有字体。所谓的"LETS"是指 FONTWORKS 公司提供的一年授权租约服务机制	○	○
Adobe Typekit （桌面字体） Adobe 公司	Adobe Creative Cloud 的字体订购服务 无法用打包功能收集，可能会被要求转曲。使用前请咨询印刷厂。可嵌入 PDF 文件，因此用于 PDF 文件付印时没有问题	△	○
CC2018相应字体	这是指 Adobe CC2018 版本之后开始自带的 OpenType SVG 字体及 OpenType 变量字体等功能 OpenType SVG 字体可以为单一字形指定各种颜色及渐变，或是使用一个或多个字形制作出特定的复合字形，相当于图形字体"EmojiOne"或彩色字体"Trajan Color Concept" OpenType 变量字体也称为"可变字体"，可细微调整一个字体的粗细、宽度、倾斜度等属性。图示中带有"VAR"文字，或是名称中出现"Variable"，即为此字体的标记 目前还不太建议在付印文件中使用 CC2018 相应字体（若属于转曲字体，只要付印前有将字体转曲即可）	△	△
免费字体	免费发布的字体，通常由个人、团体、公司等各种字体供应商提供。由于无法保证规格的一致性及质量的稳定性，因此用于付印文件时，即使是 PDF 文件付印也可能会被要求转曲	△	△

※ ○：可以使用；△：需要注意，不过也可能有例外的情况。

关键词

字体供应商

别名：字体厂商

开发、出售字体的制造商。除了公司，也包括提供字体的个人。

2-2　排版书写器的设置

在用 InDesign 制作文件时，最好在制作前先完成排版的书写器设置。这些设置以后会影响文字的排列及折行位置，甚至修改时的效率。

关于排版的书写器

排版书写器[1]是调整每行文字配置的功能，可大致区分为段落书写器和单行书写器。**段落书写器**是以段落为单位来调整文本，**单行书写器**则是以行为单位来调整。

如果以 InDesign 文档付印，建议使用**单行书写器**。若选择段落书写器，文字的调整将是整个段落，所以修改处之前的文字排列或折行点可能会被改变。因此，一旦有所修改，必须连带检查整个段落的排版。用 InDesign 文档付印的优点在于付印后若需要稍微修改，可请印刷厂协助处理。若设置为**单行书写器**，文字排列的改变仅限于修改处或之后的部分，不需要再花费时间检查前面[2]。

★ 1. Adobe 软件的书写器，有"Adobe 全球通用单行书写器""Adobe 全球通用段落书写器""Adobe CJK 单行书写器""Adobe CJK 段落书写器""Adobe 段落书写器""Adobe 单行书写器"。其中，"Adobe 全球通用"适合多语言排版，"Adobe CJK"适合中、日、韩文排版，"Adobe"适合英文排版。

★ 2. 以 PDF 格式的文件付印，在处理小说这类跨页的长篇内容时，也建议事先设置为"单行书写器"。即使变动内容也不会影响之前的页面。当再次印刷时，即使要修改，也可将变动页面控制在最低限度。

设置"Adobe CJK 单行书写器"　　　　设置"Adobe CJK 段落书写器"

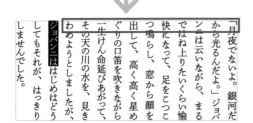

即使在"はじめは"前面添加"ジョバンニは"，前面的文字排列也不会改变。

如果在"はじめは"前面添加"ジョバンニは"，前面的文字排列就会随之改变。

设置"Adobe CJK单行书写器"

要设置排版书写器,可利用**"段落"**和**"段落样式"**窗口。操作前请先更改默认值,让之后创建的文本根据设置排版,这样能节省不少时间。要更改默认值,请在没有打开任何文档的状态下,执行"窗口—文字和表—段落"命令打开"段落"窗口,从面板菜单中执行"Adobe CJK 单行书写器"命令★3。若是在操作过程中或之后才要更改设置★4,请先选择文字,然后从"段落"窗口的菜单中执行"Adobe CJK 单行书写器"命令。另一个方法是执行"文字—段落样式"命令打开"段落样式"窗口,从菜单中执行"样式选项"命令,在"字距调整"面板如图修改即可。

★ 3. 若是 Illustrator,则在"段落"窗口执行"Adobe 中文单行书写器"命令。

★ 4. 书写器一旦更改,文字的排列也会跟着变动。当排版已接近完成阶段,或是不想重新修改,建议不要更改。

★ 5. 在 Illustrator 的"查找和替换"对话框中可查找的对象仅限文字。

当前设置会呈现勾选状态。这个菜单除了更改,也可用于确认。

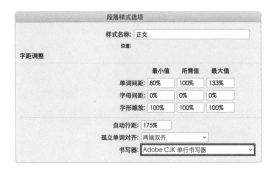

InDesign 还可利用**"查找/更改"**★5 对话框来更改书写器的设置。通过此对话框,除了可查找文本,连字体大小、段落样式等文本属性也可设置为查找对象。

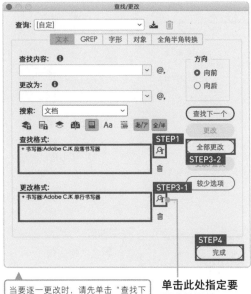

在 InDesign 的"查找/更改"对话框更改

STEP1. 执行"编辑—查找/更改"命令,在"查找/更改"对话框的"查找格式"区域单击"指定要查找的属性"。

STEP2. 打开"查找格式设置"对话框切换到"首字下沉和其他"面板,设置"书写器:Adobe CJK段落书写器",然后单击"确认"。

STEP3. 在"更改格式"区域也要设置为"书写器:Adobe CJK单行书写器",然后单击"全部更改"。

STEP4. 单击"完成"关闭对话框。

当要逐一更改时,请先单击"查找下一个"选择内文,再单击"更改"。

单击此处指定要更改的属性

2-3　文字的转曲

将文字转曲可以制作出不易受操作环境影响的付印文件。笔刷或图样里包含的文字很容易被忽视，在转曲的时候，请务必仔细检查。后置入的图片或文档内所包含的文字也不要忘记确认。

将文字转曲

如果将文字**转曲**[1]，即使遇到没有安装字体的操作环境也可如预期那样显示。以 Illustrator 或 InDesign 文档付印，如果用到印刷厂没有的字体，就必须将文字转曲。不过，文本一旦转曲就无法编辑了，因此一定要先另存备份再进行转曲。

在 Illustrator 中将文字转曲

STEP1. 执行"对象—全部解锁"命令，然后执行"选择—全部"命令。
STEP2. 执行"文字—创建轮廓"命令。

如果文字应用了**外观**属性，可能会因为转曲而使外观产生改变。建议执行"对象—扩展外观"命令展开外观属性并栅格化，文字外观就不容易发生改变了。

★ 1. Photoshop 中的文字，只要将其转换为"形状"，也可以转曲。如果要用作付印文件，建议将文字栅格化。在付印前拼合图像或合并图层，即可实现栅格化。

Ai

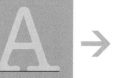

文字背后的矩形是执行"效果—转换为形状—矩形"命令，应用"大小：绝对"制成的。此时，矩形是以字符的虚拟形体为基础制成的。

若应用"创建轮廓"，基础尺寸会变成转曲文字的尺寸，因此矩形的尺寸也会改变。

若应用"扩展外观"，矩形会和文字分开。文字转曲后仍可维持整体的视觉外观。

关键词

转曲

别名：轮廓化

把文字转换为路径（保留字体形状的转曲文档）。文本一旦转曲，就无法再进行编辑了。有极少数的字体无法转曲。

确认字体是否已经转曲

要确认已经转曲的文档里是否还包含文字[2]，可通过"**文档信息**"窗口或"**查找字体**"对话框来确认。

在 Illustrator 的"**文档信息**"窗口确认

STEP1. 从"文档信息"窗口的菜单勾选"字体"。
STEP2. 在相同菜单取消"仅所选对象"选项，然后在窗口中确认显示"字体：无"。

在 Illustrator 的"**查找字体**"对话框确认

STEP1. 执行"文字—查找字体"命令。
STEP2. 在"查找字体"对话框确认显示"文档中的字体：（0）"，即可单击"完成"关闭对话框。

容易忽略的残留文本

比较麻烦的是**图案、画笔**及**符号**中包含文字的情况。这些对象即使应用了"创建轮廓"命令，内含的文字也无法转曲，必须事先进行特别处理[3]。另外，即使有对象应用了内含文字的图案及画笔，在"文档信息"窗口中也不会显示[4]。当要创建运用文字的图案及画笔时，请务必养成在新建为图案或是画笔前先将文字转曲的习惯。

★2. 这个功能无法确认置入的图片和文档。另外，如果是以 PDF 文件付印也无法嵌入上述文档使用的字体，请逐一用相关制作软件来转曲。

★3. 在执行"创建轮廓"命令时，必须先做以下处理

扩展	图案
	符号
	封套
扩展外观	画笔
取消编组	图表

★4."查找字体"对话框虽然会显示，不过一旦创建了包含文字的图样、笔刷或符号，就算将这些对象删除，这些信息也会一直残留，所以并不绝对可靠。

执行"对象—封套扭曲"命令让文字变形时，选择"内容"可应用"创建轮廓"命令，但若是选择"封套"状态则不会产生效果。若执行"对象—扩展"命令，可一并处理文字的转曲与变形的应用。另外，若是通过执行"效果—扭曲和变换"命令变形的文字，则能够应用"创建轮廓"命令。

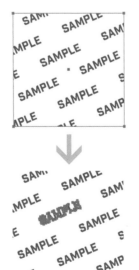

如果是内含文字的图样，先执行"对象—展开"命令，将图样展开后，即可执行"创建轮廓"命令将文字转曲。

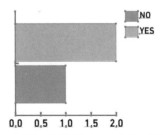

图表若已取消编组，即可应用"创建轮廓"命令。

2-4 处理置入图像

Illustrator 及 InDesign 文档内虽然可置入各式各样的图像，但是可用作付印文件的文件格式种类有限，而且还有分辨率及颜色模式等许多需要注意的地方。

置入图像

广义的"图像"包括像素集合体的位图以及用路径绘制的矢量图[1]，不过在印刷中提到的图像大多是指**位图**。本书也以此为前提进行说明。

位图 = 图像

照片属于此类。经过栅格化的矢量图也属于此类。

矢量图 = 文件

用路径（贝塞尔曲线及 B-spline 曲线）绘制的插图或设计图。

置入 Illustrator 或 InDesign 等文档的图像，称为**"置入图像"**。在制作置入用的图像时，须注意颜色模式、分辨率和尺寸这三点。

置入图像的**颜色模式**需要根据彩色印刷（CMYK）、专色印刷等不同印刷需求来选择。**分辨率**的设置，CMYK 颜色模式与灰度的图像原稿大小（指图片最初的尺寸）为 350 ppi（在中国一般 300 ppi 即可），位图模式的图像原稿大小为 600 ppi 到 1200 ppi[2]。图像的尺寸最好按原稿大小准备，不过如果分辨率能达到上述要求，也可承受 80% ～ 120% 的缩放[3]。

★ 1. 利用 Photoshop"形状"功能制作的设计，以及用 Illustrator 的渐变网格制作的有色阶变化的插图，从外观很难判断是位图还是矢量图，因此需要根据文件格式判断。另外，本书中所提到的 EPS 格式，在 Photoshop 中存储成位图，在 Illustrator 中则会存储成矢量图。

| 位图 | .psd
.tiff
.eps
（Photoshop） |
| 矢量图 | .ai
.eps
（Illustrator） |

★ 2. 也有些不适用的例子，如果印刷厂有特别要求可以适当处理。

★ 3. 缩放时必须注意是否产生了摩尔纹（干扰纹）。

关键词
置入图像

别名：放置图像，导入图片

本书是指置入 Illustrator 或 InDesign 等排版软件内的位图。若是置入以 Illustrator 制作的矢量图，本书称之为"置入文件"加以区别。

在改变图片颜色模式时执行"图像—模式"命令也可以改变图像的**位深度**[*4]，付印文件最适合的是默认的**"8 位 / 通道"**。位深度是指各像素在构成图像时可使用的颜色信息数量，信息位数越大，可使用的颜色数量越多，图像也越细致。虽然看起来位数越高越好，但请注意不要设置为"8 位 / 通道"以外的位数[*5]。

分辨率可在**"图像大小"对话框**中更改。这个对话框也可以用来更改图像尺寸，如内容的缩放或画布尺寸的更改，只要一次操作即可完成。

在 Photoshop 的"图像大小"对话框中更改图像尺寸

STEP1. 执行"图像—图像大小"命令。
STEP2. 在"图像大小"对话框更改"宽度"[*5]，然后单击"确定"。

★ 4. 与图像相关的位深度，有"1 位""8 位""16 位"等。若是付印文件，只要记得 1 位与 8 位就可以了。1 位是黑白位图（1 位 = 2 的 1 次方 = 只能处理 2 个颜色），8 位会变成全彩位图（1 位 = 2 的 8 次方 = 可以处理 256 个颜色）。

★ 5. 只有设置"颜色模式：位图"时，才能选择"1 位 / 通道"。

★ 6. 因为默认是"约束长宽比"，所以输入宽度时，高度也会自动变化。

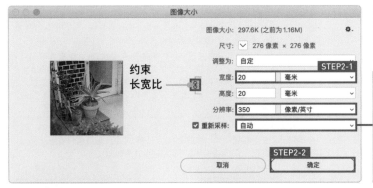

用默认的"自动"进行最适当的设置。对于需要专色印刷的付印文件，要防止其产生原本没有的颜色，建议选择"邻近（硬边缘）"。

原始图像。

"宽度：40 毫米（551 像素）"
"高度：40 毫米（551 像素）"
"分辨率：350 ppi"。

在"图像大小"对话框中输入"宽度：20 毫米""高度：20 毫米"。虽然改变了像素的构成，但仍可维持原本的分辨率。

在"图像大小"对话框中不勾选"重新采样"，然后再更改宽度或分辨率，可在不改变像素结构的同时更改图像尺寸。这里是更改为"分辨率：600 像素 / 英寸"，然后宽度与高度都缩小为 23.33 毫米。

在"图像大小"对话框更改"分辨率：72 像素 / 英寸"。宽度与高度维持不变。分辨率降低，导致画质变差，像素变得很明显。

可置入Illustrator和InDesign的文件格式

相关内容｜在排版文件中置入图像和文件的方法，参照第 62 页

能够用于付印文件的可置入图像基本上是以 CMYK 颜色模式存储的文件格式[7]。其中，推荐的格式包括 Photoshop 格式、Photoshop EPS 格式、TIFF 格式。

除了图像，也可置入 Illustrator 文件和 PDF 文件等格式[8]。例如，将内含版式设计的 Illustrator 文件置入 InDesign，再通过 Illustrator 文件修改设计。如果设计文件中包含复杂的路径，或是用 Illustrator 制成的矢量图，比起直接复制、粘贴路径，直接将 Illustrator 文件或 PDF 文件置入的方式会更加方便处理。

★ 7. PNG 格式与 GIF 格式无法存储为 CMYK 颜色模式，因此被排除了。JPEG 格式虽然可存储为 CMYK 颜色模式，但画质会变差。JPEG 不适合用作可修改且对质量要求高的付印文件，但一般的拼版印刷或是少量数码印刷都可以使用。

★ 8. 置入文件的方法请参照第 66 页。还需要注意的是，有些印刷厂可能会禁止置入 PDF 文件。

图像格式	扩展名	兼容性	说明
Photoshop格式	.psd	○	唯一可保留 Photoshop 所有编辑功能的格式。与其他 Adobe 软件的兼容性佳，Adobe 公司也建议置入图像时使用该格式 ※Photoshop 大型文档格式（.psd）可存储 Photoshop 格式无法负荷的巨型画布，长宽可达 300 000 像素，但有时无法用于付印文件。Photoshop 大型文档格式也是智能对象的内部格式。如果把图层转换为智能对象，会置入为嵌入图像；若转换为链接图像，则会以这个格式存储（Photoshop CC 以后的版本才能使用链接图像）
Photoshop EPS格式	.eps	○	可同时包含位图与矢量图。CS2 以前的置入图像是以此格式为主流的。颜色模式除了"索引颜色"和"多通道"以外皆可使用，但无法保存透明部分。不可使用图层蒙版和 Alpha 通道，但可以使用剪贴路径 EPS 是 Encapsulated PostScript 的缩写
TIFF格式	.tif .tiff	○	把文件的数据记录在标签（tag）内，保存的自由度高，可灵活表现各种类型的位图。具有不易受应用程序影响的特点。Photoshop 的图层、剪贴路径、Alpha 通道也可保存（但是如果用 Photoshop 以外的软件打开还是会栅格化）。其颜色模式除了双色调和多通道以外皆可使用 TIFF 是 Tagged Image File Format 的缩写
JPEG格式	.jpg .jpeg	△	可使用的颜色模式为 CMYK、RGB、灰度，无法保存透明部分。在保存时会因为压缩而让画质变差，因此不推荐用于付印文件。不过，因为保存时会将图像栅格化，可减小文件体积，因此输出模板可以采用此格式 JPEG 是 Joint Photographic Experts Group 的缩写
DCS1.0格式	.eps	△	EPS 格式的一种，可使用的颜色模式只有 CMYK。其颜色通道会分别存储为独立的文档，印刷时需要使用 PostScript 打印机 DSC 是 Desktop Color Separations 的缩写
DCS2.0格式	.eps	△	EPS 格式的一种，可使用的颜色模式只有 CMYK 和多通道。支持多个专色油墨。也可用于 6 色印刷或 8 色印刷的付印文件
Illustrator格式	.ai	○	这是可保存 Illustrator 所有编辑功能的唯一格式。置入时可在对话框的"选项"中指定范围
PDF格式	.pdf	○	优点是能够把文件原封不动地置入文档。不过，有的印刷厂不允许置入 PDF 文件 PDF 是 Portable Document Format 的缩写

※ ○：兼容性佳；△：必须注意。

左上图是正在排版中的 InDesign 文档，其版式设计的背景为置入的 Illustrator 文件。
右上图是将置入的 Illustrator 文件隐藏起来的状态。

这是在上例中用来处理版式设计的 Illustrator 文档。这样做的优点是 Illustrator 可使用复杂的路径与图案，若对之进行修改，则 InDesign 文档内的置入文件也会随之更新。置入文件内使用的字体无法用打包功能收集，而且也不能嵌入 PDF 文件，因此包含文字时必须将文字转曲。置入图像同样不可收集、嵌入，因此付印时须置入为嵌入图像。

稳定的置入图像文件格式：Photoshop格式

相关内容 | 将付印文件存储为 Photoshop 格式，参照第 170 页

开发 Adobe 软件的 Adobe 公司，推荐置入图像时的文件格式就是 **Photoshop 格式**[9]。这种做法的优点是能够保存 Photoshop 的所有编辑功能[10]，而且画质不会变差。举例来说，在保留调整图层的状态下置入图像，置入后还可以针对个别图层进行调整。

不过，保留 Photoshop 的编辑功能虽然方便，也可能造成输出问题，因此建议在存储为 PDF 文件或付印前先**栅格化**。许多印刷厂会建议将置入的图像**拼合**或**合并图层**，原因就是经过上述处理可将文件的编辑功能栅格化。在付印前尽可能拼合图像、合并图层，或是置入位图会更加保险。

★ 9. 关于 Photoshop 格式的存储，详细情况请参照第 169 页。

★ 10. Photoshop 格式会完整保留文字图层、图层效果、智能对象、智能滤镜等。

Photoshop EPS格式

相关内容｜存储为 Photoshop EPS 付印，参照第 176 页

EPS 格式的文档★11 是包含 PostScript 语言文件（内容）与预览图像的双重构造，在屏幕上显示时是使用预览图像。因此，若置入旧版的 Illustrator 文档，画质看起来会变差，但具有处理速度快的优点。另外，若是用非 PostScript 印刷机印刷，会以预览图像的画质来印刷。

关于预览图像，可在存储时的"EPS 选项"对话框中设置★12。对话框中的"预览"下拉菜单用来设置预览图像的颜色，通常是选择"TIFF（8 位／像素）"★13。若选择"TIFF（1 位／像素）"★14，预览图像会变成黑白的。另外，不管选哪一种都会变成低分辨率。

在 Photoshop 中存为此格式时，文档内若包含文本图层或形状图层，"包含矢量数据"会变成勾选状态。若直接存储，文本图层或形状图层会作为路径被保存，但是无法保留 Photoshop 的编辑功能。若用 Photoshop 再次打开这个文档,路径将以栅格化状态显示,无法编辑★15。若需修改，请将原始文件存储为 Photoshop 格式。另外，因为剪贴路径并不包含在矢量数据内，所以"包含矢量数据"仍会呈现灰色无法选择的状态。

★ 11. 关于 EPS 格式，Adobe 公司并不建议将其用作付印文件或置入图像。不过在用Photoshop 格式及 TIFF 格式无法顺利输出时，可作为一种替代的方法。

★ 12. 关于 EPS 格式的存储请参照第 174 页。这里是用 Photoshop 存储为 EPS 格式的说明,EPS 格式也可以用 Illustrator 存储。

★ 13. 在 Illustrator 中显示为"TIFF(8 位颜色)"。

★ 14. 在 Illustrator 中显示为"TIFF（黑白）"。

★ 15. 若用 Illustrator 打开，虽然可编辑路径，但是基本上都建议把付印文件中的图像栅格化。

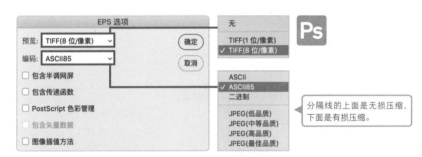

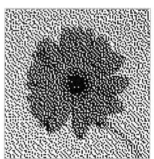

PostScript 文件（内容）

InDesign 的"显示性能"若勾选"典型显示"会显示预览图像，若勾选"高品质显示"会显示内容。Illustrator 则一开始就会显示内容。

TIFF（8 位／像素）的预览图像

变成彩色的预览图像。因为图像分辨率低，像素相当明显。旧版 Illustrator 在打开 EPS 图像时会变粗糙，因为显示的是这种预览图像。

TIFF（I 位／像素）的预览图像

变成黑白的预览图像。

可以为置入图像着色的TIFF格式

相关内容 | 为 TIFF 图像着色，参照第 115 页

TIFF 格式可使用适合付印文件的颜色模式，可以无损图像品质地保存（也可选择压缩方式），具有不依赖软件的特点。与 Photoshop EPS 格式一样，TIFF 格式很早就经常被用于付印文件或置入图像的文件格式。

存储时的"TIFF 选项"对话框主要是针对**压缩**的相关设置。不压缩时请选择**"图像压缩：无"**，需要压缩时，有 LZW、ZIP、JPEG 可供选择[16]。LZW 与 ZIP 是无损压缩，可保持画质，但相应地会使文件很大。JPEG 为有损压缩，画质会变差，但可缩小文件体积。

"存储透明度"是文件内包含透明区域[17]时可做的设置。如果勾选此项，在用其他软件打开该文件时，透明区域会以新增 Alpha 通道的形式保留。当图像由多个图层组成时，可在**"图层压缩"**区域选择图层图像的压缩方式。RLE（**存储较快，文件较大**）和 ZIP（**存储较慢，文件较小**）都是无损压缩，画质不会变差。若选择**"扔掉图层并存储副本"**，则会将图像拼合。

TIFF 格式的特点之一在于其颜色模式若是**灰度**或**位图**，在排版软件内**可更改颜色**[18]。在选择图像后，在**"填色"**中设置颜色，则黑色部分就会变成设置的颜色。

★ 16. 付印文件建议选择 LZW。关于压缩方式的差异，请参考第 146 页。

★ 17. TIFF 文件中若有"不透明度：100%"以外的部分，会被判定为存在透明区域。但是，只要有任一图层填满"不透明度：100%"的颜色，就会被当作没有透明区域。此外，有些印刷厂无法使用有透明区域、图层、剪贴路径的 TIFF 格式文件，请务必确认。

★ 18. 对置入图像设置专色色值时也会很方便。具体的步骤请参照第 115 页。

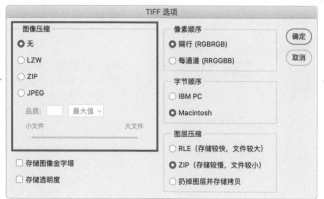

关于"存储图像金字塔"一项，一般建议取消。若勾选，文件可保留多种关于分辨率的信息，但 Photoshop 内没有能够使用此信息的选项，印刷时也不会使用。

关于"像素顺序"与"字节顺序"两项，设置哪一个都没有问题，因此维持默认即可。

关于ICC配置文件

存储文件时的对话框内有 ICC 配置文件的相关设置。若勾选**"ICC 配置文件"**（Illustrator 是**"嵌入 ICC 配置文件"**），则会在文档内嵌入颜色配置文件。另外，RGB 颜色模式的文件，存储时务必嵌入颜色配置文件[19]。CMYK 颜色模式的付印文件会根据印刷厂的要求而改变。若不确定如何处理，建议直接询问印刷厂。

★ 19. 如果印刷厂接受 RGB 颜色模式的付印文件，也可以将 RGB 图像及文件当作付印文件使用，此时请务必在完稿中嵌入颜色配置文件。关于 RGB 付印请参照第 172 页。

2-5 为图像去除背景

有很多方法都能为图像去除背景（以下简称"去背"），如删除图层的背景像素、制作图层蒙版以及制作剪贴路径等。用剪贴路径去背有别于其他的去背方法，若条件符合，在输出时可能不会被当作透明对象而被拼合。

把图层内不需要的像素变透明

最简单的去背方法是删除背景只保留图层[1]，然后**将不需要的像素删除**。因为视觉呈现与结果一致，优点是不容易忘记处理。也有一些方法可以用无损原图的方式将不需要的部分隐藏起来，如用**图层蒙版**或**矢量蒙版**[2] 来隐藏。CS4 版本以后，图层蒙版及矢量蒙版都可以做调整透明度、模糊边缘等处理，比起用剪贴路径去背，表现的手法更加多元。

不过，颜色模式为位图和 Photoshop EPS 格式的图像无法保留透明部分，因此无法使用上述方法。另外，用上述方法去背的图像一旦置入 Illustrator 或 InDesign，会被当作**透明对象**处理。

★ 1. 用数码相机拍摄的照片在置入 Photoshop 后只会显示为"背景"，处理前要将背景转成图层。请双击"图层"窗口的"背景"（Photoshop CC 以后的版本可单击"背景"右侧的锁形图标，即可将背景转换成图层）。

★ 2. 矢量蒙版与剪贴路径一样，具有可用路径精准区分显示或隐藏区域的优点。不过，以相同的去背效果来说，若是用剪贴路径去背，即使不支持透明的存储格式，也能保留复杂的结构。

矢量蒙版

选择"路径"窗口的路径，然后执行"图层—矢量蒙版—当前路径"命令，即可创建矢量蒙版。

选择图层蒙版或矢量蒙版，即可用"属性"窗口的"密度"调整蒙版的不透明度。若将"羽化"改为"0.0像素"以外的数值，即可模糊边缘。

关键词

透明对象

有透明部分的对象，包括没有背景只有图层的图像、隐藏背景的图像、去背图像、使用透明效果的部分、对象栅格化时应用了"背景：透明"的部分。

使用剪贴路径去背

　　Photoshop 的**剪贴路径**是用"路径"窗口的路径为图像去背的功能。去背后，在 Photoshop 中的画面不会产生变化，但是在置入 Illustrator 或 InDesign 时，就会呈现去背状态。此外，关于剪贴路径的使用与否，可在置入时的**"导入选项"对话框**[*3] 中选择。

在 Photoshop 中创建剪贴路径

STEP1. 在"路径"窗口选择路径[*4]。
STEP2. 从"路径"窗口的菜单执行"剪贴路径"命令。
STEP3. 单击"剪贴路径"对话框的"确定"。

剪贴路径

　　"展平度"的数值越小，曲线越平滑，数值越大，则会变成有棱角的直线。在付印文件中，此处若直接维持空白字段，输出时会自动设置适当的数值。

　　CC 以前的版本，被指定为剪贴路径的路径，其名称后会加注以方便辨识，但 CC 版本以后只将名称稍微加粗，变得难以辨识。另外，如果要将其恢复成普通路径，可再次从"路径"窗口菜单执行"剪贴路径"命令，在对话框中更改为"路径：无"后单击"确定"。

　　经过设置后，矢量蒙版与剪贴路径一样，如果进一步在"属性"窗口调整边缘，即可调整去背范围，矢量蒙版还可以实时确认完成状态，因此显得剪贴路径不像过去那么好用，不过还是建议记下来备用。Photoshop 格式、Photoshop EPS 格式、TIFF 格式[*5] 的图像无论何种颜色模式皆可使用剪贴路径，与图层蒙版及矢量蒙版不同，即使是不支持透明度的存储格式，**也可以不被当成透明对象而呈现去背状态**[*6]。

★ 3. 要通过"导入选项"对话框置入，可执行"文件—置入"命令，勾选"显示导入选项"。剪贴路径默认是使用，因此不通过此对话框也会反映出来。

★ 4. "工作路径"不可直接转换为剪贴路径。此时，请从"路径"窗口的菜单执行"存储路径"命令先行保存。

★ 5. 有的印刷厂不可使用含有剪贴路径的 TIFF 格式文件作为付印文件，但这种情况并不常见。

★ 6. 文件须具备以下条件：已经去背的文档里包含"背景"且未调整为隐藏状态，或是没有对周围造成影响的透明对象。

关键词

剪贴路径

别名：去背路径

用来替图像去背的路径。若把图片中的路径转换为剪贴路径，一旦置入 Illustrator 或 InDesign 等软件内，该图像就会呈现去背状态。

用Alpha通道去背

　　Photoshop 的 **Alpha 通道**，若在**置入 InDesign** 时的**"图像导入选项"对话框**[7] 中指定，即可当作去背蒙版使用。支持 Alpha 通道的是 **Photoshop 格式**与 **TIFF 格式**的图像，不过这两种格式都无法在位图的颜色模式下创建 Alpha 通道。另外，利用 Alpha 通道去背的图像会被当成**透明对象**。

★ 7. Alpha 通道必须通过 InDesign 的"图像导入选项"对话框来指定。具体步骤请参照第 64 页。另外，Illustrator 不可使用 Alpha 通道的去背。

创建去背用的 Alpha 通道

STEP1. 创建去背用的选区，然后执行"选择—存储选区"命令。
STEP2. 单击"存储选区"对话框中的"确定"。

若显示 Alpha 通道，去背部分默认会显示为红色。

对话框的设置维持默认即可。也有从"通道"窗口的菜单执行"新建通道"命令的方法，不过若是利用存储的选区，则只需一次的操作就能完成 Alpha 通道的创建与蒙版范围的填充。

Alpha 通道

Alpha 通道可用画笔或橡皮擦等工具来绘制。通道中的黑色区域将会去背。

若置入 InDesign，Alpha 通道的黑色区域会显示为去背状态。

要应用 Alpha 通道的去背功能，可在 InDesign 的"图像导入选项"对话框的"图像"面板中选择 Alpha 通道。

关键词

Alpha通道

通道的一种。在位图的颜色模式下无法创建。可从"通道"面板的菜单下执行"新建通道"命令，或是利用存储的选区来创建 Alpha 通道。置入 InDesign 时，在"图像导入选项"对话框中可选择要使用哪一个 Alpha 通道作为去背蒙版。

在排版软件中使用剪切蒙版

在排版软件中，也有用路径[8]为置入图像去背的方法。此功能称为"剪切蒙版"[9]，Illustrator 和 InDesign 都可以使用。不过，制作方法略有差异。

在 Illustrator 创建剪切蒙版

STEP1. 将作为蒙版的路径移到最前面。

STEP2. 选择路径与图像，执行"对象—剪切蒙版—创建"命令。

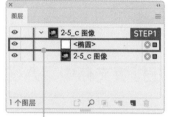

圆形框架

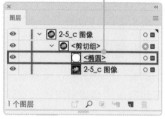

蒙版用的路径

剪切路径

这个图形框架设置了描边

一旦创建剪切蒙版，蒙版的路径就会变成剪切路径，原本设置的外观属性会被删除。

一旦在 Illustrator 中创建剪切蒙版，作为蒙版用的路径就会变成**剪切路径**。若替剪切路径设置描边，也会为图像加上框架线[10]。

若把图像置入 InDesign，会自动加上与图像尺寸相同的**图形框架**。图形框架具有与剪切路径相同的作用。已经置入 InDesign 的图像，全部都会呈现已创建剪切蒙版的状态。另外，也可替图形框架设置描边。

InDesign 也可像 Illustrator 一样将特定的路径变成图形框，方法有以下 3 种：①选择路径后，执行"文件—置入"命令[11]；②直接从文件夹窗口往路径内侧**拖拽**；③选择已去背的图像，然后执行"编辑—剪切"命令，接着再选择路径，执行"编辑—贴入内部"命令。第三种方法在需要替换已置入图像的图形框架时会更加方便。

★ 8. 蒙版用的路径，除了路径及复合路径之外，还可使用复合形状、群组、文字等。因为外观属性会被忽略，因此请先执行"对象—扩展外观"命令反映到路径上。

★ 9. 利用剪切蒙版去背，除了图像，对象也可使用。用 Photoshop 也可以操作，只是方法略有不同。

★ 10. 一些印刷厂不支持用这个方法制作的付印文件，建议事先确认。

★ 11. 必须在"置入"对话框勾选"替换所选项目"。

关键词

剪切路径

替图像或对象去背的功能。Illustrator 的剪切路径会与去背图像整合在一起，称为"剪切组"。剪切组最前面的路径就是剪切路径。除了路径外，文字也可作为蒙版。另外，若是使用 Photoshop（在 Photoshop 中叫"剪贴路径"），图像也可作为蒙版。剪切组最后面的图层会变成蒙版。

2-6 置入图像及文件

图像和文件虽然也可从文件夹窗口拖拽置入，但是如果通过对话框置入，便可以指定蒙版功能的打开或关闭，以及图层的显示或隐藏等细节。请根据制作内容灵活运用。

在排版文档中置入图像和文件的方法

相关内容 | 可置入 Illustrator 和 InDesign 的文件格式，参照第 54 页

当要在 Illustrator 文档和 InDesign 文档（排版文件[1]）中置入图像[2]或文件[3]时，有从文件夹窗口拖拽和通过"导入选项"对话框这两种方法。

从文件夹拖拽，能够以轻松、直接的方式置入，但是无法切换蒙版功能的打开或关闭。此外，用这个方法置入的图像和文件，全都会变成链接置入图像或链接置入文件。

要通过**"导入选项"对话框**置入，请执行"文件—置入"命令，在对话框中勾选**"显示导入选项"**[4]。在"导入选项"对话框中可以控制剪切路径及 Alpha 通道的使用与否、图层是否拼合、裁切范围等。不过，对话框的内容会因文件格式不同而改变。

即使勾选了"显示导入选项"，也可能因为软件或文件格式的不同，而没有显示"导入选项"对话框[5]。此时，会直接跳到下一个操作（指定置入位置）。

在Illustrator中置入图像

在 Illustrator 中置入图像或文件时，即使勾选"显示导入选项"，也不一定会显示"导入选项"对话框[6]。会显示此对话框的仅限于包含**图层复合**[7]的 Photoshop 格式等文件。

Illustrator 在置入 Photoshop 格式的文件时，无法切换剪切路径的打开或关闭，总是以应用状态导入。在置入图像中读取含有剪切路径的图像时，剪切路径和图像会分别导入，这些会变成已创建剪切蒙版的状态。另外，Illustrator 无法使用 Alpha 通道去背（带有 Alpha 通道的图像在置入后不会呈现去背状态）。

★ 1. Illustrator 和 InDesign 等版式与页面的设计文档，在本书中统称为"排版文档"。

★ 2. 付印文件可用的置入图像格式，主要有 Photoshop 格式、Photoshop EPS 格式、TIFF 格式。本书的说明也限定在这 3 种格式内。

★ 3. 付印文件可用的置入文件格式，主要是 Illustrator 格式和PDF格式。

★ 4. Illustrator 可在"置入"对话框中选择链接图像或嵌入图像。关于链接或嵌入图像，请参照第 66 页的说明。

★ 5. 若是只有背景的图像，会因为没有选择项而跳过显示。

★ 6. 在置入 Photoshop EPS 格式的图像时不会显示。

★ 7. 图层复合是 Photoshop 的功能。显示或隐藏图层的组合无法存储为默认值，因此不建议用作付印文件。

勾选"链接"可置入为链接图像，不勾选则会置入为嵌入图像。

勾选"显示导入选项"可切换"导入选项"对话框的显示与否。

在 Photoshop 制成的图层复合全都可以选。此功能不建议用于付印文件。

付印文件选此项比较保险。

示范图

上面的示范图，是由背景、调整图层、文本图层这 3 种图层，以及剪切路径、图层复合所构成的。

置入为链接图像时可选择。想要准确反映链接图像的变化时，请选择"使用 Photoshop 的图层可视性"。

链接图像	嵌入图像	嵌入图像
	将图层转换为对象	将图层拼合为单个图像

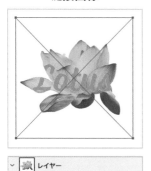

若置入为链接图像，会变成只能选择"选项：将图层拼合为单个图像"，不会为链接图像增加更改选项。

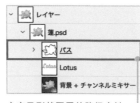

文字及形状图层的路径会被分离，并置入为可以编辑的状态。

剪切路径

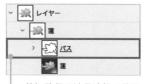

剪切路径无论是选择"将图层转换为对象"，还是"将图层拼合为单个图像"，都会置入为路径。

在InDesign文档中置入图像

在 InDesign 的"图像导入选项"对话框中可以进行比 Illustrator 更详细的设置。这个对话框在置入 Photoshop 格式及 TIFF 格式的图像时就会显示，除了图层复合的选择外，还可单独切换**图层的显示或隐藏**[8]。此外，也可使用 Alpha 通道去背[9]。

若是 Photoshop EPS 格式，则会显示"EPS 导入选项"对话框。这个对话框的内容主要是**剪切路径**的相关应用设置。

另外，在将图像置入 InDesign 时，若从文件夹拖拽，或通过"图像导入选项"对话框，这两种方法都会让置入的图像变成**链接图像**。

★ 8. 付印文件在置入图像时，建议先拼合图像，或是合并成单一图层。虽然可以切换图层的显示或隐藏，但不建议将其作为付印文件。

★ 9. 只有在 InDesign 中置入 Photoshop 格式的图像时才可以使用全部的设置项目，若是置入 TIFF 格式的图像，会有部分项目不显示。

置入 Photoshop 格式的图像

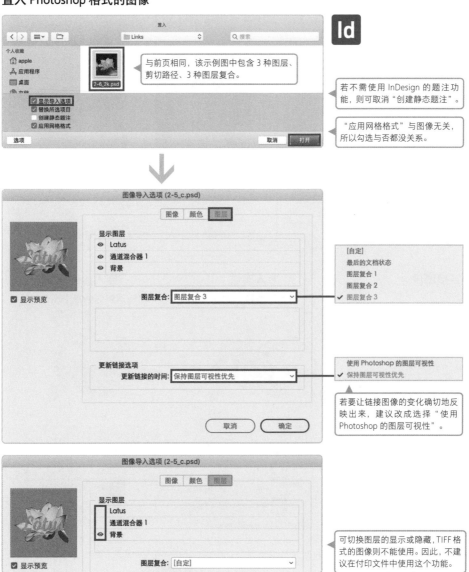

与前页相同，该示例图中包含 3 种图层、剪切路径、3 种图层复合。

若不需使用 InDesign 的题注功能，则可取消"创建静态题注"。

"应用网格格式"与图像无关，所以勾选与否都没关系。

若要让链接图像的变化确切地反映出来，建议改成选择"使用 Photoshop 的图层可视性"。

可切换图层的显示或隐藏，TIFF 格式的图像则不能使用。因此，不建议在付印文件中使用这个功能。

这个面板的设置维持默认即可。

若勾选"应用 Photoshop 剪切路径",也会一并导入剪切路径,可在 InDesign 中编辑。另外,一旦在 InDesign 中编辑过剪切路径,原 Photoshop 文件的剪切路径就会失效,即使用 Photoshop 修改了原始图像的剪切路径,也不会反映在置入图像上。

切换到"直接选择工具",将光标移到图像上,就会显示导入 InDesign 的剪切路径。

置入 EPS 格式的图像

若要使用嵌入的预览图像,请选择"使用 TIFF 预览",忽略则选"栅格化 PostScript"。因为不影响印刷结果,都不选也没关系。

勾选"应用 Photoshop 剪切路径"

若勾选"应用 Photoshop 剪切路径",会导入剪切路径,可在 InDesign 中编辑。若 Photoshop 的原始图像的剪切路径有所改变,将链接图像更新后就会反映出来。

取消"应用 Photoshop 剪切路径"

若取消勾选"应用 Photoshop 剪切路径",会将剪切路径置入为去背状态。原始图像的剪切路径有所变化就会反映出来。

Photoshop 格式与 EPS 格式图像剪切路径的区别

case-A 与 case-B 的区别,从"链接"窗口的缩略图就可以看出来。Photoshop 格式的剪切路径是以失效状态置入图像的,EPS 的剪切路径则是以内含路径的状态置入的。两个图像在导入 InDesign 后都会变成经过剪切路径去背的状态。

在Illustrator中置入文件

要将 Illustrator 文件或 PDF 文件置入 Illustrator 文件，先执行"文件—置入"命令，通过**"置入 PDF"对话框**[10] 的方法比较保险。置入文件与置入图像不同，**"裁剪到"**会出现多个选项可供选择。在对话框中进行的"裁剪到"设置也会应用到之后拖拽置入的文件上。

置入的文件不论 Illustrator 格式 (.ai) 或 PDF 格式都会显示相同的对话框[11]。"裁剪到"的选项也相同。由于选项名称非常容易混淆，建议先记住用画板及裁切标记裁切的**"裁切框"**，以及追加出血范围的**"出血框"**。这两种设置的内容变化不会影响裁切范围，因此即使原始文件有所变动，在排版文件内的位置也不会发生改变。

★ 10. 要打开"置入 PDF"对话框，请勾选"显示导入选项"。

★ 11. 从对话框名称即可得知，Illustrator 文件也比照 PDF 文件处理。若使用 Illustrator 9 以后的版本，Illustrator 文件的内部处理会变成以 PDF 格式为基础。

把 Illustrator 文件置入 Illustrator 文档

工作区域　　出血

置入文件时的图层是显示或隐藏会改变裁切结果。

裁剪范围是用虚线框起来的。若包含多个画板，须指定画板。

边框

下图是隐藏背景图层后置入的效果。显示的对象变成边界，超过出血界的部分会被裁切。

作品框

无关图层的显示或隐藏，将文件内包含的对象作为边界，超过画板的部分会被裁切。

裁剪框

显示 Acrobat Pro 中所设置的显示印刷区域。如果是 Illustrator 文件，会与"出血框"相同。

裁切框

会显示画板内侧的对象。

出血框

显示出血内侧的对象。

媒体框

显示文件设置的纸张尺寸区域。如果是 Illustrator 文件，会与"出血框"相同。

在 Illustrator 文档中置入通过 Illustrator 存储的 PDF 文件

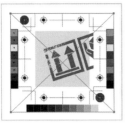

边框：作品框／裁剪框／
媒体框

会显示整体对象。

裁切框

会显示裁切标记
（画板）的内侧。

出血框

会显示出血的内侧。

置入的范例是用 Illustrator 存储 PDF 文件时添加裁切标记的文件。在存储时添加的裁切标记及颜色条，都会被当作对象。"出血框"并不是画板中设置的出血，而是另存时设置的出血。

在 Illustrator 文档中置入已设置印刷边界并以 InDesign 导出的 PDF 文件

※ 选择"裁剪框"与
"出血框"的效果与上
例相同。

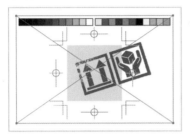

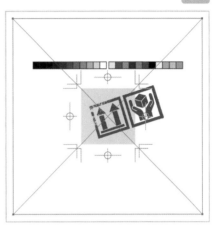

边框

显示整体对象。

作品框／裁剪框／媒体框

显示 PDF 文件的印刷边界区域。

在Illustrator文档中嵌入链接文件

相关内容｜在文档中嵌入链接图像，参照第 71 页

如果把置入 Illustrator 文档的 Illustrator 文件★ 12 及 PDF 文件嵌入，会被分解成**路径**。对象的外观属性会被扩展，而链接文件里置入的图像，无论是链接图像还是嵌入图像，都会嵌入。因为会整合成剪切蒙版（剪切组），若执行"对象—剪切蒙版—释放"命令，即可释放其中的路径。

★ 12. Illustrator 格式的置入文件，须注意该文件内的图像及文字。付印前，请先将链接图像转换为嵌入图像，并将文字转曲。

嵌入 Illustrator 文件

出血之外的对象，只要覆盖到出血范围的都会包含在文档内，一旦释放剪切蒙版，就会显示出来。

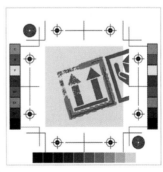

嵌入 PDF 文件

存储 PDF 文件时添加的裁切标记与颜色条，也会被分解成对象。文字则会维持原状不被转曲。

在InDesign文档中置入文件

在 InDesign 文档内置入文件时，"裁切到"的选项有许多种，这里也建议记住使用页面及裁切标记的**"裁切"**[★13]，并追加出血范围的**"出血"**。InDesign 在"置入 PDF"对话框中可**切换图层的显示或隐藏**[★14]。另外，有别于 Illustrator 的是，在 InDesign 中，即使转为嵌入文件，也不会被分解成路径。

★ 13. 等同于 Illustrator 的"裁切框"。

★ 14. 可切换图层显示的 PDF 文件，仅限于存储为可保留图层的 PDF1.5 以后版本的文件。不过印刷厂使用的版本可能无法配合这个功能，因此也不建议在付印文件中使用。

把 Illustrator 文件置入 InDesign 文档

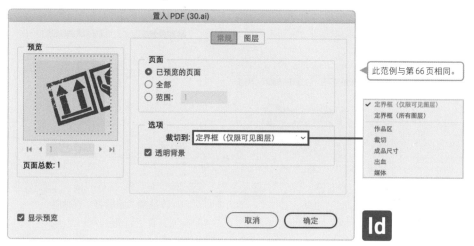

此范例与第 66 页相同。

定界框

定界框
（仅限可见图层）

下图是隐藏背景图层后置入的结果。有显示图层的对象会作为边界。超过出血的部分会被裁切。

定界框
（所有图层）

不管图层显示与否，将文件内包含的对象作为边界。超过出血范围的部分会被裁切。

作品区

不管图层显示与否，将文件内包含的对象作为边界。若有超过页面的部分，则会被裁切。

裁切

显示页面内侧。

**成品尺寸 / 出血 /
媒体**

显示出血的内侧。

在 InDesign 文档中置入已经设置辅助信息区并从 InDesign 中导出的 PDF 文件

"裁切到"的选项与置入 Illustrator 文件时相同。

原始 InDesign 文档的状态。出血（红框）的外侧设置了辅助信息区（蓝框）。导入时使用的范例，是在导出 PDF 时勾选了"包含辅助信息区"的文件。

辅助信息区

"保持图层可视性优先"是指保留置入时的图层显示。若要确切地反映 PDF 文件的变动，请选择"使用 PDF 的图层可视性"。

使用 PDF 的图层可视性
✓ 保持图层可视性优先

显示所有图层的状态，选择"定界框（所有图层）"后置入的结果。若选择"定界框（仅限可见图层）"也是相同的结果。

裁切

显示裁切标记（页面）的内侧。

出血

显示出血的内侧。

定界框（仅限可见图层）

以显示中图层的对象作为边界，并显示其内侧的对象。

定界框（所有图层）

将文件包含的所有对象作为边界，并显示其内侧的对象。

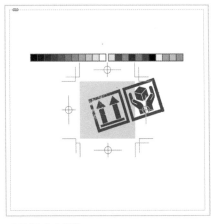

成品尺寸／媒体

显示辅助信息区的内侧。

2-7 链接图像与嵌入图像

在置入图像时，有"链接图像"与"嵌入图像"两种选择。这关系着付印文件的构成，因此务必仔细区别两者的特征并灵活使用。

链接图像与嵌入图像的区别

置入图像[1]分为链接图像与嵌入图像两种。**链接图像**是参照文档外部的图像，所以当原始图像有修改时，置入的图像也会随之更新。不过，付印时链接图像必须随附文档，以免缺图，但是链接图像数量过多，容易造成文件管理上的麻烦。而**嵌入图像**是将图像嵌入文档内部，与原始图像没有关系，因此即使原始图像有修改，也不会反映在嵌入图像上。将图像全部嵌入有一个好处，就是用一个文档即可付印，比较方便。

两者各有优缺点[2]，且各家印刷厂的规定不同，建议仔细确认。

★ 1. 置入文件也分"链接文件"与"嵌入文件"两种，这里合并解说。

★ 2. 仅限 Illustrator 文件付印。PDF 文件付印在存储时图像会自动嵌入，而 InDesign 文件付印则必须随附链接图像，因此一般不会使用嵌入图像。

置入图像选择	链接图像	嵌入图像
原始图像有修改	会反映	不会反映
印刷厂进行色调调整	可	不可
链接缺失的风险	有	没有
文档大小	小	大

缺失的链接
修改过的链接
已嵌入的图像（嵌入图像）
链接图像

Illustrator 的"链接"面板。"缺失的链接"是指更改过图像存储位置的链接图像，"修改过的链接"代表原始图像有修改，因此两者有差异。

关键词

链接图像

以链接方式置入文档中的图像。链接是绝对路径，如果把文档移动到其他电脑中可能会导致链接缺失。建议将所有的链接图像放置在同一个文件夹中，可避免链接缺失。好处是可以降低文档大小，而且有的印刷厂能协助调整图像的色调，但须注意缺失链接的问题。

关键词

嵌入图像

以嵌入方式置入文档中的图像。用一个文档即可付印，非常方便，缺点是嵌入的图像会增加文档大小，且印刷厂无法调整图像的色调。

在文档中嵌入链接图像

在嵌入链接图像时，Illustrator 与 InDesign 都是在"链接"面板处理。Illustrator 也可通过单击控制面板的"嵌入"来嵌入链接图像。

在 Illustrator 文档中嵌入链接图像（Photoshop 格式）

STEP1. 解除链接图像的图层[*3]锁定，然后在"链接"面板选择图像[*4]。

STEP2. 在"链接"面板菜单中执行"嵌入图像"命令。

STEP3. 在"Photoshop导入选项"对话框中选择"将图层拼合为单个图像"，然后单击"确定"。

★ 3. 如果链接图像所在图层被锁定，则无法修改。

★ 4. 虽然也可以选择多个图像，但逐一选择嵌入比较保险。同时嵌入多个图像，其尺寸及位置可能会发生改变。

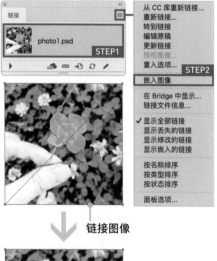

若变为嵌入图像，预览图像的对角线会消失，并且显示嵌入图像的图标。

会显示与导入嵌入图像时内容相同的对话框。"选项"区域各选项的设置结果可以参照第 63 页。

Photoshop的链接图像

 嵌入图像
 链接图像

从 Photoshop CC 版本开始，Photoshop 也可处理链接图像。不过，带有链接图像的 Photoshop 文档，现在还无法用于付印文件或置入图像，付印前必须拼合图像。

Photoshop 的链接图像与嵌入图像，属于智能对象的一种。"图层"面板中的图示，通过"属性"窗口标记可以区分。"链接的智能对象"是链接图像，"嵌入的智能对象"是嵌入图像。单击"属性"窗口下方的"嵌入"或"转换为链接对象"也可切换。

查看置入图像的信息

关于置入图像的信息，可分别在 Illustrator 的"文档信息"面板和 InDesign 的"链接"面板中查看。若在 Illustrator 面板菜单中分别选择"链接的图像"或"嵌入的图像"，可一并显示相关图像的信息。InDesign 则会在面板下方显示选择中图像的信息。

链接图像的文件夹层级与文件名

相关内容｜用打包功能收集文件，参照第 162 页

在用链接图像付印时，务必注意文件夹层级与文件名★5。从结论来说，链接图像文件夹要放在**与排版文档同一层级的文件夹内**，且**图像命名不可以重复**。

连接链接图像与排版文件链接的路径是"绝对路径"。绝对路径也称为"完整路径"，图像的位置会连同电脑名称一起记录。因此，如果将文件转移到其他电脑中就会找不到文件的位置，导致链接缺失。

★ 5. 文件名的开头如果使用大括号"{"，也会导致链接缺失，因此请勿使用此符号来命名。

避免链接缺失的方法是将链接文件与排版文档放在同一层级内。容易引发链接缺失的例子很多，包括在排版文档所在层级内增加链接图像的文件夹、付印时将文档从电脑移出等因素。遇到上述状况，只要将链接图像移到文件夹外，使其与排版文档在同一层级，即可恢复链接。虽然印刷厂也可以用此方法恢复链接，但如果有相同名称的文件，该文件就会被覆盖或重新命名，从而导致文件错误。为保证工作效率，在将链接图像分配到多个文件夹时，请注意不要使用重复的文件名。

链接图像　　　　　　　链接图像

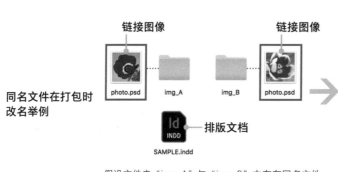

同名文件在打包时改名举例

排版文档

假设文件夹"img_A"与"img_B"中存有同名文件。

在用打包功能收集文件时，同名文件中的一个文件名会被变更。

在使用打包功能[*6]时，也会将链接图像集中到一个文件夹中。事先设置不同的文件名，可以避免打包时出现问题[*7]。另外，如果要统一修改大量的文件名，可以使用 Bridge[*8] 软件。

用 Bridge 统一在文件名前加上"imgA_"

STEP1. 在Bridge中全选要改名的文件，然后执行"工具—批重命名"命令。

STEP2. 在"批重命名"对话框中确认"预设：默认值"[*9]，然后在"新文件名"区设置"文本：imgA_""当前文件名：名称"。

STEP3. 在"预览"中确认，然后单击"重命名"。

★ 6. 请 参 照 第 72 页下图。

★ 7. 可能会发生文件覆盖、文件名改变等问题。

★ 8. Bridge 是 Adobe 旗下的软件之一，可管理所有用 Adobe 软件制作的文件，具备简单调整图片、批重命名等多种管理功能。

★ 9. "预设"是添加字符串的默认值。

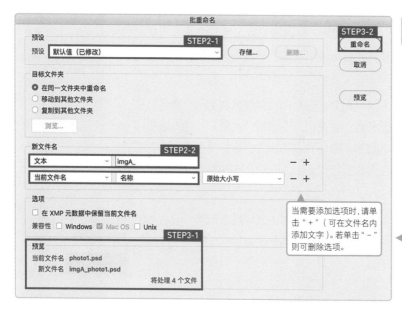

当需要添加选项时，请单击" + "（可在文件名内添加文字）。若单击" − "则可删除选项。

选择"预设集：字符串替换"，然后在"查找"字段键入要删除的文本，在"替换为"字段不输入任何文本，应用后即可删除文件名内的特定文字。

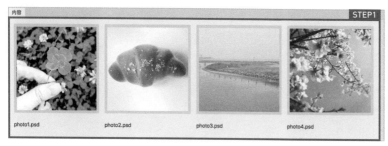

在选择的 4 个文件的文件名前面添加了"imgA_"。

2-8 拼合透明度

用图层蒙版为图像去背或是加"投影"等透明效果，这些工具都非常好用，但是在用于付印文件时也要注意考虑导出与存储时被拼合的可能。

须格外注意透明对象的原因

要设置 InDesign 中的**透明**效果，可以通过置入图层蒙版为图像去背，也可以通过"混合模式"应用透明效果[1]。应用了这类透明效果的对象，就称为**"透明对象"**。

透明对象使用固然方便，但是若随意用在付印文件上，可能会造成意料外的结果或造成输出问题。这是因为所谓的"透明"，在页面描述语言 PostScript 或印刷领域原本是不存在的概念。在这个世界里，有些用到透明效果的付印文件无法直接印刷，必须进行特别处理。这项处理，就是"拼合透明度"。

即使是透明，我们也还是可以将其看作由某种颜色设置而成的像素集合体。"拼合透明度"也是基于这种想法，将透明对象或是受其影响的部分，分割成颜色或图像，而复杂的合成部分则予以拼合。经过上述处理，可以让透明的对象全部变成**"不透明度：100%"**的对象，只是如此一来，虽然可以印刷，但文档的结构会变复杂，也可能因此产生其他问题。在使用"PDF / X-1a"及 EPS 格式等不支持透明的格式付印时，就必须要进行这项处理。

不过，Illustrator 9 及其之后的版本是可以保存透明对象的，加上近年来支持透明对象的 PDF 版本和软件也陆续登场，要将透明对象直接付印也并非不可能。不过，可接受这种文件的印刷厂有限，付印后的处理还是得拼合，因此我们最好还是了解一下拼合透明度的步骤。

[1]. Adobe 开发的 PDF 格式包含透明的概念。Illustrator 9 及其之后的版本可以使用透明对象。从这个版本开始，内部处理变成以 PDF 为标准。因此，若是存储为 Illustrator 9 及其之后版本的文档形式，便可保存其中的透明对象。

使用透明效果的例子。背景的彩虹，采用了径向渐变应用"混合模式：强光"，而小圆形光点则用"叠加"合成。

关键词

透明效果

利用"混合模式"合成或是应用"投影"等效果，让对象与背后的对象或背景得以合成的透明或半透明效果。本节所讨论的付印前将透明度拼合，是指在 Illustrator 及 InDesign 中的处理，不包含 Photoshop 的"混合模式"及图层效果。

拼合透明度的实际情况

在使用不支持透明的格式[★2]导出或存储时，透明对象或受其影响的部分，将会被拼合为"不透明度：100%"的图像或路径。根据设定的不同，虽然保留了外观及专色色板，但是如下图所示，文件结构会变得复杂。

★ 2. 不支持透明的PDF规格是"X-1a"与"X-3"，PDF 的版本是 PDF 1.3。在用 Illustrator 存储时，版本 8 以前的 Illustrator 格式及 EPS 格式不支持透明效果，因此会被拼合。

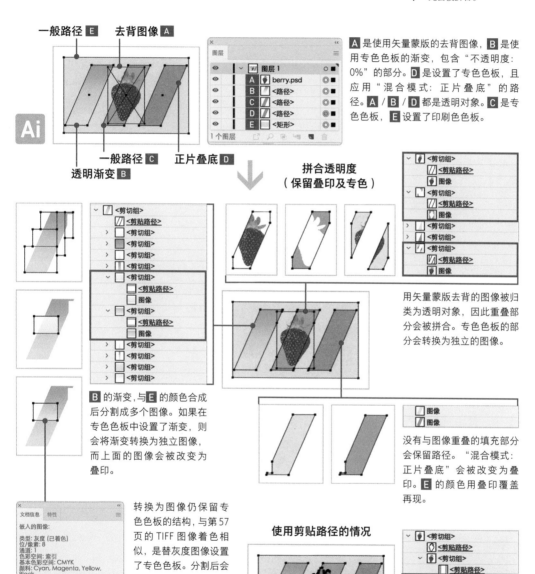

A 是使用矢量蒙版的去背图像，B 是使用专色色板的渐变，包含"不透明度：0%"的部分。D 是设置了专色色板，且应用"混合模式：正片叠底"的路径。A / B / D 都是透明对象。C 是专色色板，E 设置了印刷色色板。

拼合透明度
（保留叠印及专色）

用矢量蒙版去背的图像被归类为透明对象，因此重叠部分会被拼合。专色色板的部分会转换为独立的图像。

B 的渐变，与 E 的颜色合成后分割成多个图像。如果在专色色板中设置了渐变，则会将渐变转换为独立图像，而上面的图像会被改变为叠印。

没有与图像重叠的填充部分会保留路径。"混合模式：正片叠底"会被改变为叠印。E 的颜色用叠印覆盖再现。

转换为图像仍保留专色色板的结构，与第 57 页的 TIFF 图像着色相似，是替灰度图像设置了专色色板。分割后会转换为嵌入图像，若要转换为链接图像，选择"文件格式：TIFF（＊.TIF）"即可保持相同状态。

使用剪贴路径的情况

若有"背景"的图像是通过剪贴路径去背的，则会被排除在拼合透明度的对象外。在这个例子中，若把 A 改成用剪贴路径替"背景"去背，就不会被下层的 C 分割。

※ 例子中虽然使用了专色色板，但与透明对象并用时必须格外注意。也有可能不小心误用，请务必仔细检查。

75

拼合透明度可能引起的问题

相关内容｜关于 RIP 处理时的自动黑色叠印，参照第 88 页

相关内容｜在"高级"区域进行字体与透明度相关设置，参照第 151 页

拼合透明度可能引发的问题大致分为 3 种：分辨率不适合印刷的拼合、RIP 处理时由于自动黑色叠印而产生的颜色界线，以及非预期的漏白现象。

关于**分辨率**的问题，在**存储** PDF 或 Illustrator EPS 文件时稍加注意即可避免。基本上，只要设置为**"预设：[高分辨率]"**[3]，就可以用适合印刷的分辨率来拼合。关于这部分的详细说明，存储 PDF 请参照第 140 页，存储 Illustrator EPS 请参照第 174 页。

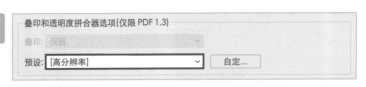

自动黑色叠印，是指印刷厂在进行 RIP 处理时，会将**"K：100%"**[4]的对象设置为**叠印**。此处是应用在路径及文字上，而**图像并非其处理对象**。用不支持透明的格式导出或存储时，对象会被分割或拼合为路径与图像的状态付印，若应用自动黑色叠印[5]，会发生路径设置了叠印，但图像没有设置的情况。如果是白色背景，就不会产生问题；如果不是白色背景，则会产生类似第 89 页中路径与图像的界线清晰可见的现象。

避免这个问题的方法是利用软件先将"K：100%"的对象设置为叠印[6]，或是更改为"K：99%"，使其不被当作自动黑色叠印的处理对象。关于叠印请参照第 82 页，关于自动黑色叠印请参照第 88 页，在此先不做特别说明。

★ 3. "拼合透明度预设"有此选项。

在用 Illustrator 存储 PDF 时，可在"存储 Adobe PDF"对话框的"高级"面板设置。

★ 4. 具体来说是"C：0% / M:0% / Y:0% / K：100%"。

★ 5. 没有"K：100%"的对象就不会应用，也就不会产生问题，现在应用自动黑色油墨的印刷厂很多，建议先考虑这种情况为宜。

★ 6. 用软件设置叠印后再存储为 PDF 文件，转换为图像的部分也会变成背景色合成后的颜色。

关键词

栅格化

别名：点阵化，Bitmap 化

将对象转换为像素的集合体，也就是将其转换为位图。图片质量会随着"分辨率"的不同而产生很大的变化。在 Illustrator 中，可在执行"对象—栅格化"命令转换时或保存时指定对象的分辨率，也可自动应用文件设置的分辨率，在开始制作前务必确认（请参照第 24 页）。

关键词

RIP
Raster Image Processor

别名：光栅图像处理器

把付印文件（矢量格式）转换为印刷用输出设备可读取的光栅格式。

付印文件中出现非预期的白线的原因

打开以不支持透明的格式导出或存储的文件，会在图案中间等非预期的位置出现极细的白色线条（即白线）。这是因为被分割的对象的边缘形成了**插值像素**。路径、文本或其他置入图像等对象在屏幕上会显示为栅格化的状态。此时，为了让对象平滑地融入背景，可在对象的边缘自动添加插值像素[7]。这道程序被称为**"消除锯齿"**。

插值像素，当对象或背景色较淡时可以不用在意，但如果对象或背景颜色较深时就会很明显[8]。在这个阶段，插值像素出现在屏幕上，不会影响印刷结果。重点在于，图像在印刷厂经过栅格化（即 RIP 处理）后，之前出现白线的位置仍有可能会出现白线。付印文件无法以原始的状态印刷，输出设备可理解的对象仅限于光栅格式，而付印文件是矢量格式。因此，必须经过矢量格式转换为光栅格式的处理程序（即栅格化）。这道程序就是 RIP 处理。

事实上，如果改变图像的显示倍率后，白线消失了的话，那么大致上不会印出来。如果实在介意，建议做出标注，让印厂处理。但如果图像放大后白线有逐渐变粗的部分，则对象本身的位置也可能出现偏差。

★ 7. 若取消"消除锯齿"（表示不产生插值像素），可检查白线是因为对象的位置偏移，还是因为插值像素而造成的。此项可在首选项对话框设置。Illustrator 是取消"常规"面板中的"消除锯齿图稿"，InDesign 是取消"显示效能"面板中的"启用消除锯齿"，Acrobat Pro 是取消"页面显示"面板中"平滑线状图"项目。

★ 8. 插值像素，是以不透明的白色背景为前提，形成对对象的颜色。降低"不透明度"可使其融入周围，但如果是暗色背景，降低"不透明度"反而会让白色变明显。

100%   **25%**

Illustrator 的图案上出现白线也是因为像素的问题。复杂的图案在付印时会被要求栅格化，栅格化后如果出现白线，当分辨率较低时就会印出来。栅格化时选择"消除锯齿：优化图稿（超像素取样）"，可避免栅格化后形成白线。如果这么做还是出现了白线的话，可尝试用比原分辨率更高的分辨率来栅格化。

关键词

白线

别名：细白线

是指在被分割成多个图像的对象上，或在 Illustrator 的图案上出现非预期的极细白线。发生原因是栅格化处理，因此屏幕显示、家用打印机的打印、印刷厂 RIP 处理都有可能造成白线。

关键词

消除锯齿

别名：平滑化

为了让对象的边缘显得平滑，而在计算机上为其边缘添加插值像素。Illustrator 的画面补间用像素始终是用来显示画面用的，因此在"首选项"对话框中取消勾选"消除锯齿图稿"，效果即会消失。栅格化时的消除锯齿处理则是真正加入了像素，因此无论是否勾选消除锯齿，插值像素都不会消失。

透明对象的符合条件

　　所谓的透明对象，除了具有透明部分的置入图像[9]之外，还有设置了与背景合成的"混合模式：正片叠底"的对象，以及应用"投影""模糊"等效果生成的半透明像素。Illustrator 的图层也可应用透明效果[10]，因此也请将这个可能性记起来。以下列出了符合透明对象的条件。

Illustrator	・执行"效果—SVG 滤镜"命令应用的对象。 ・执行"效果—风格化"命令，应用"羽化""投影""内发光""外发光"的对象。 ・执行"效果"菜单或"对象"菜单的"栅格化"命令，设置"背景：透明"的对象[11]。 ・"混合模式"设置为"正常"以外的对象。 ・"不透明度"设置为"100%"以外的对象。 ・使用了不透明蒙版的对象。 ・包含透明部分的渐变。 ・包含透明部分的置入图像。
InDesign	・执行"对象—效果"命令，应用"投影""内阴影""内发光""外发光""斜面和浮雕""光泽""基本羽化""定向羽化""渐变羽化"的对象。 ・"混合模式"设置为"正常"以外的对象。 ・"不透明度"设置为"100%"以外的对象。 ・包含透明部分的置入图像。

★ 9. 去背图像、没有"背景"的图像，或是隐藏"背景"的图像。

★ 10. 图层应用的透明效果，如果是用不支持透明的格式保存也会被栅格化。

★ 11. 若将"效果"菜单的"Photoshop 效果"直接应用到路径上，会变成透明对象，如果先执行"效果—栅格化"命令，设置"背景：白色"后再应用 Photoshop 效果，就不会变成透明对象。

外发光
混合模式：滤色
不透明度：50%

混合模式：柔光

混合模式：颜色加深

包含透明的渐变
混合模式：强光
不透明度：40%

关键词

透明度拼合器预设
（Illustrator）

别名：透明度拼合预设（InDesign）

用来确认拼合透明度的设置及所在位置的面板。Illustrator 和 InDesign 都有，Acrobat Pro 也具有相同功能的对话框，也可编辑或存储"拼合器预览"的设置。

确认受影响的范围

受影响的范围[12]，可事先在**"拼合器预览"面板**[13]确认。不包含透明的对象，也可能成为拼合的对象，如过于复杂的路径或图案。这些对象都可以在这个面板确认其受影响的范围。

在 Illustrator 的"拼合器预览"面板确认

STEP1. 在"拼合器预览"面板设置"预设：[高分辨率]"，单击"刷新"。
STEP2. 下拉"突出显示"菜单选择显示条件。

★ 12. 把透明对象放置在最下层，可将影响控制在最小限度。

★ 13. Illustrator 的面板名称。InDesign 中是"拼合预览"面板，Acrobat Pro 是执行"工具—印刷制作—拼合器预览"命令，打开对话框可确认。

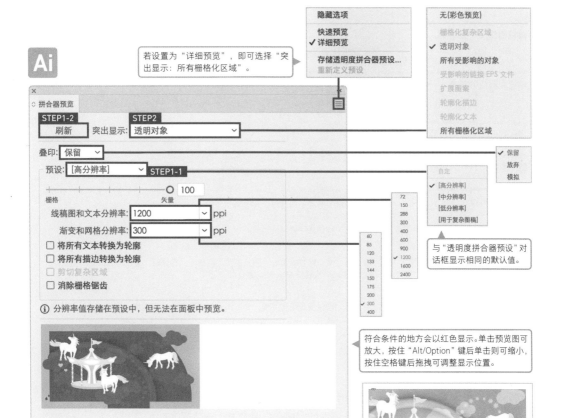

若设置为"详细预览"，即可选择"突出显示：所有栅格化区域"。

与"透明度拼合预设"对话框显示相同的默认值。

符合条件的地方会以红色显示。单击预览图可放大，按住"Alt/Option"键后单击则可缩小，按住空格键后拖拽可调整显示位置。

InDesign 若在面板"突出显示"菜单下选择显示条件，符合条件的地方就会以红色显示。若要恢复原本的样子，可选择"突出显示：无"。

IInDesign 则会在实际的版面上显示预览。上图是选择"突出显示：无"的结果，下图则是选择"透明对象"的结果。

透明度拼合预设可通过"拼合器预览"面板或"透明度拼合器预设"对话框[14]创建或编辑。Illustrator 的"拼合器预览"面板，在改变数值与设置后，执行面板菜单的"存储透明度拼合器预设"命令即可存储。若是通过对话框，选择作为基础的"预设"后单击"新建"，即可创建复制数值的预设，可编辑此预设然后保存。窗口面板与对话框的"预设"会同步，其中一方若有新增，另一方也可选择。

★ 14. 在 Illustrator 中执行"编辑—透明度拼合器预设"命令，或在 InDesign 中执行"编辑—透明度拼合预设"命令，都可显示。

栅格 / 矢量平衡	调整保留矢量格式不栅格化的对象的数量。数值越高，可保留的矢量对象越多。若要全部栅格化，则设置为最低数值。"预设：[高分辨率]"默认设置为 100（最高数值）。
线稿图和文本分辨率	指定路径、文字、图像等对象栅格化时的分辨率。最大可设置到 9600 ppi。若有衬线字体或小号字体要以高质量栅格化，通常设置在 600 ppi 到 1200 ppi。"预设：[高分辨率]"默认设置为 1200 ppi。
渐变和网格分辨率	指定渐变及网格（只有 Illustrator 有）栅格化时的分辨率。InDesign 与 Acrobat Pro 最大可设置到 1200 ppi，Illustrator 则是 9600 ppi，但是数值提高不一定会提升质量。通常是设置在 150 ppi 到 300 ppi。"预设：[高分辨率]"默认设置为 300 ppi。
将所有文本转换为轮廓	将所有文本栅格化。若勾选，可控制拼合时对文本的影响。
将所有描边转换为轮廓	把所有描边转换为填色路径。若勾选，可控制拼合时对"描边宽度"的影响。
剪切复杂区域	矢量格式部分与栅格化部分的边界重叠时要进行的处理。若勾选，当对象仅有局部栅格化时，可减小矢量部分与栅格部分的边界产生的锯齿状拼缝问题。
消除栅格锯齿	若勾选，栅格化时会消除锯齿。
保留Alpha透明度（仅Illustrator）	若勾选，栅格化时丢失的"混合模式"与叠印，会保留为整体对象的"不透明度"。在导出 SWF 格式或 SVG 格式时会很好用。
保留叠印和专色（仅Illustrator）	若勾选，可保留叠印与专色。若取消，叠印与专色会被转换或合成，改用基础油墨 CMYK 表现。
保留叠印（仅限Acrobat Pro）	透明对象的颜色与背景色合成，借此呈现与叠印相同的效果。

付印文件设置为"预设：[高分辨率]"差不多就足以应付，因此几乎没有繁杂的编辑场面。另外，在面板指定的"预设"只是确认用，在导出或存储时，请务必确认是否设置为"高分辨率"或是以此为标准的预设[15]。

★ 15. PDF 付印请参照第 138 页，Illustrator EPS 付印请参照第 174 页。

InDesign 可通过"页面"窗口的图标，确认是否包含透明对象。这个图标默认为隐藏，因此建议先行变更。从"页面"窗口的菜单执行"面板选项"命令，在"图标"区域勾选**透明度**，如此一来，当页面中包含透明对象时，就会显示**透明格子图标**。

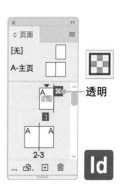

透明

预先拼合

Illustrator 也可手动拼合透明度[16]。当付印文件无法包含透明对象时即可使用。

不过，一旦拼合就无法恢复原本的状态。这些处理，请在准备付印的最终阶段，先另存备份后再进行。

在 Illustrator 中手动拼合透明度

STEP1. 选择对象，执行"对象—拼合透明度"命令。
STEP2. 在"拼合透明度"对话框[17]中设置"预设：[高分辨率]"后单击"确定"。

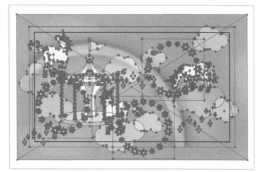

应用 Illustrator "拼合透明度"的范例。看起来似乎有保留路径，实际上是用来替栅格化对象去背的剪切路径。

若在"图层"窗口确认，可看出结构变得相当复杂。遇到这种情况，有时也会建议栅格化使其合并成单一图像。

此外，即使不是透明对象，但是很复杂的路径[18]或"外观"、缩放旋转过的图案[19]，也建议事先进行拼合、栅格化、轮廓化等处理，因为这类对象在进行 RIP 处理时可能会出现非预期的结果[20]。把细微分割的对象栅格化为单一图像，可让处理变轻松，也可预防白线的产生。不过，也有些印刷厂会允许直接付印，无法一概认定经过上述处理一定比较好。可以的话，建议先试着与印刷厂沟通和讨论再决定处理方式。在进行这些处理时，一样可通过**"对象"菜单**。下面是各菜单命令的差异。

扩展	把设有"填色"与"描边"的图案转换为路径。此外，把渐变转换为网格或是填充路径的集合体。若应用到设有"描边"的对象上，"描边"会被轮廓化。若应用到文本上，文本会被轮廓化。
扩展外观	把对象设置的外观属性转换为路径或图像。要展开设有"描边"的画笔时也是使用此命令。把"投影"等产生像素的外观属性栅格化，此时的分辨率，会应用"文件栅格效果设置"对话框的设置。
栅格化	把对象栅格化并转换为嵌入图像。分辨率可在对话框设置。若选择多个对象，会合并为单一嵌入图像；若选择"背景：透明"，会变成透明对象。

★ 16. 如果处理的面积较大，建议也可考虑 Photoshop 付印（请参照第 169 页）。

★ 17. 对话框的内容与"拼合器预览"面板相同。在这个对话框勾选"预览"，即可确认拼合后的状态。与面板不同，这里可实际看见分割线，因此也可用来进行事前检查。若能发现拼合时产生的拼缝问题，即可事前构思对策。

★ 18. 如锚点数量超过 1000 的路径。如"涂抹"效果或图像描摹功能，就容易产生这种情况。

★ 19. 在 Illustrator 中使用图案时，最好先预设在印刷厂打开时会出现图案位置改变的情况。比较单纯的图案只要用"扩展"转换为路径即可，但是复杂路径构成的图案，用栅格化会比较适合。

★ 20. Illustrator CS6 之后的版本设置的"描边"、透明对象与渐变的组合，建议栅格化。

2-9 叠印与挖空

在制作付印文件时，一定要先了解"叠印"的概念，因为它涉及软件设置及 RIP 处理时的自动黑色叠印、任意使用"设置叠印的对象"等非预期的状况。

关于叠印

叠印是制版设置的一种，是指与其他版重叠印刷。若设置在填色对象上，会得到与"混合模式：正片叠底"相似的效果。要设置叠印，Illustrator 可利用**"特性"窗口**[★1]，但是不会反映在默认的画面上，必须执行"视图—叠印预览"命令[★2]切换到**叠印预览**才能在画面上看到。

★ 1. 在使用 InDesign 执行"窗口—输出—属性"命令后，在属性面板中设置。

★ 2. Illustrator 与 InDesign 共通的操作，也可以在"分色预览"面板中切换。

在 Illustrator 中为对象设置叠印

STEP1. 选择对象。
STEP2. 在"特性"面板勾选"叠印填充"。

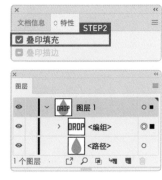

关键词
叠印

别名：压印、直压

制版设置的一种，是指与其他印版重叠印刷，可得到与"混合模式：正片叠底"相似的效果。叠印没有透明效果，因此使用叠印并不会成为透明度拼合的处理对象。根据条件也有可能无法获得与"正片叠底"相同的结果，还请注意。

关键词
挖空

制版设置的一种，是指不与其他版重叠印刷。Illustrator 与 InDesign 默认使用这个设置。

"挖空"与叠印相反，是不叠版的印刷效果。这种设置基本上不太容易产生问题。Illustrator 与 InDesign 也默认如此设置。不过，一旦为对象设置叠印，或是选择了叠印的对象，"属性"面板的"叠印"便会自动勾选，之后，直到选择挖空的对象为止，都会默认叠印。建议随时确认"属性"面板的设置。

"正片叠底"与叠印的区别

"正片叠底"与叠印的效果相似，但并非一定会得到相同的结果。在用叠印取代"正片叠底"时[3]，必须格外注意。在使用相同的油墨设置颜色（图案使用相同的印版）时，就会产生不同的结果。"正片叠底"，是通过颜色值加乘来合成[4]的，因此下层的对象一定会透出来。另一方面，叠印是采用前面对象的"颜色值"，前面对象的"颜色值"若低于后面的对象，则无法获得与"正片叠底"相同的效果。

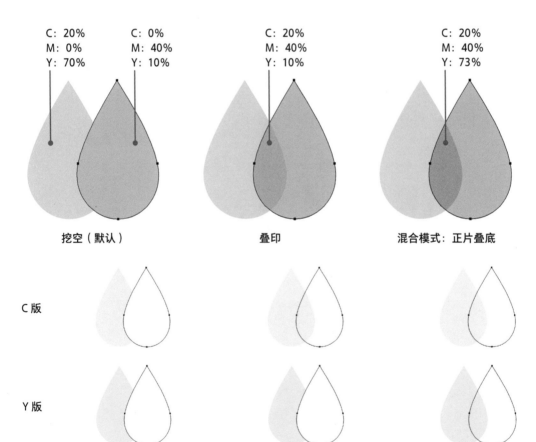

C: 20% M: 0% Y: 70%	C: 0% M: 40% Y: 10%	C: 20% M: 40% Y: 10%

C: 20%
M: 40%
Y: 73%

挖空（默认） **叠印** **混合模式：正片叠底**

C 版

Y 版

共同使用的是 Y 版。前面的对象（右侧）改变为叠印或"正片叠底"。

若设置叠印，拥有相同颜色的 Y 版，因为前面对象采用"Y: 10%"，因此重叠处变成紫色。

若设置"混合模式：正片叠底"，Y 版会用"10%"与"70%"加乘来合成，重叠后变成淡褐色。

不小心设置了叠印

相关内容 | 关于 RIP 处理时的自动黑色叠印，参照第 88 页

　　叠印的好处，是能够有效化解套印不准造成的问题。如果将设置为深色油墨及不透明油墨的对象设为叠印，即使套印不准也不会露出纸张的白底。利用此设置是将"K：100%"对象设置叠印的**"黑色叠印"**。

　　黑色叠印会自动设置，以 InDesign 为例，凡是应用**"黑色"色板**的对象，都会自动设置叠印[5]。除此之外，印刷厂在做 RIP 处理时，也可能会强制为"K：100%"的对象设置叠印[6]。

★ 5. "黑色"虽然是"K：100%"的色板，却被当成专色。在 InDesign"首选项"对话框的"黑色外观"面板中，在"[黑色]叠印"区取消勾选"叠印 100% 的 [黑色]"，之后即使应用"黑色"，也不会自动设置叠印。

★ 6. 称为"自动黑色叠印"的处理。在第 88 页有详细说明。

K：100%
挖空

K：100%
叠印（黑色叠印）

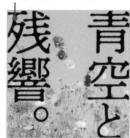

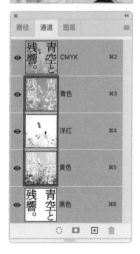
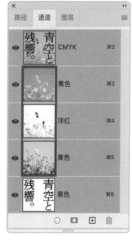

Ai

K：100%
叠印（黑色叠印）

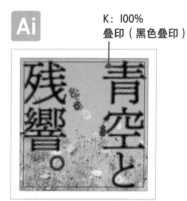

K：0%
挖空

把设置叠印的黑色"K：100%"变为"K：0%"，图像会变透明，在切换为叠印预览前很难发现。

Ps

用 Photoshop 打开 Illustrator 文件或 PDF 文件，可通过"通道"面板的缩略图来预览印版的状态。若移动通道中的图像，就可以看到套印不准的结果。

重复使用对象时，很可能会因此无意混入叠印对象。因为黑色对象被设置了叠印的可能性很高[7]，在重复使用既有的付印文件时，一定要先在"特性"面板中检查确认。容易引发问题的是，将设置了叠印的黑色文字改变为白色，用作**反白字**的例子。因为预览时文字会显示白色，很难被发现，而实际印刷时会印不出反白效果。建议大家养成付印前暂时切换为"叠印预览"模式来确认的好习惯。

另外，在 InDesign 中，白色（C：0% / M：0% / Y：0% / K：0%）的对象不能设置为叠印。此外，如果把设有叠印的对象变为白色，叠印设置便会被丢弃。虽然变更为白色可避免上述情况，但是变更为浅色时叠印仍会保留，这一点需要特别注意。

另一方面，在 Illustrator 中，将白色对象设置为叠印，会出现警告对话框。把设有叠印的对象变为白色，"特性"面板也会显示警告图标。不过，还是会应用叠印，因此得一直注意这个问题才行[8]。

★ 7. 如 "K：100%" 的 LOGO 及文字，设置了叠印的可能性很高。

★ 8. Illustrator 的"文档设置"对话框中的"放弃输出中的白色叠印"默认是勾选，因此为白色对象设置的叠印，在存储为 PDF 或 EPS 文件时会被自动丢弃。执行"文件—文档设置"命令可打开此对话框。存储为 Illustrator 格式不会丢弃白色叠印，但是如果将此 Illustrator 文件置入 InDesign，白色叠印会显示为挖空。由此得知，在 Illustrator 的叠印预览操作时被忽略的白色对象，之后在印刷时也可能会出现问题。

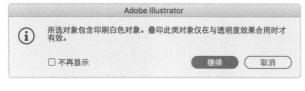

警告图标

关键词

特性面板
（Illustrator）

别名：属性面板（InDesign）

Illustrator 与 InDesign 的面板（在 InDesign 中执行"窗口—输出—属性"命令可打开此面板），主要是用来设置叠印。Illustrator 的"特性"面板，还可以控制显示或隐藏路径中心点。

关键词

分色预览面板
（Illustrator）

Illustrator 与 InDesign 都有的面板，可在此确认版的状态。在面板中勾选"叠印预览"（InDesign 无此选项），单击并隐藏眼睛图标即可隐藏该分色板。若按住"Alt（option）"键后单击眼睛图标，即可单独显示该分色板。

关键词

正片叠底

"混合模式"的一种。"正片叠底"是将颜色相乘的意思。下面的颜色（基色）与上面的颜色（混合色）根据成分相乘，得到结果色。用这种"混合模式"重叠，颜色一定会变暗，可得到四色油墨重叠般的效果。因为具有透明效果，如果用不支持透明的格式保存文件，就无法保留效果。

2-10 黑色叠印的优缺点

设置"K：100%"的黑色对象，可能会因为软件的设置或印刷厂的 RIP 处理，而被自动设置为叠印。如果能够事先进行处理，就可以避免这种情况。

黑色叠印的优点

K 油墨可以单独印出清晰的黑色，是印刷文字及边框常用的油墨。若翻阅杂志或书籍，其中内容文字的颜色，大多是使用"K：100%"印刷。

当背景填满色块或图案，其上配置的"K：100%"文字又设置为挖空时，如果发生套印不准的情况，大字号文字的边缘会露出纸张的白底，而小字号文字的可读性就会降低。

如果将"K：100%"文字设置为**叠印**，则可完整地印刷背景上的色块及图案，再将文字印在上面，如此一来，即使发生套印不准的情况，也不会露出纸张的白底。而且，因为 K 油墨在基础油墨 CMYK 中颜色最暗，即使与其他油墨重叠，颜色也几乎不会受到影响，无论叠印还是挖空，印刷结果几乎没有变化[1]。这是印刷实务中常用的手法，被称为"**黑色叠印**"，借此与其他叠印做区别。

★ 1. 若设置大字号的粗体字，可能会出现看得到底图的黑色叠印的现象。请参考第 88 页的详细说明。

InDesign 如果在**首选项**中勾选"**叠印 100% 的 [黑色]**"，设置"**黑色**"的对象便会自动设置叠印。如果是在其他电脑中的制作文件，在开始制作前建议重新检查首选项。

"黑色"色板

没有黑色叠印　　有黑色叠印

上图是模仿套印不准的例子。如果将文字设置为黑色叠印，就不会露出纸张的白底。

关键词	别名：K、BK
黑色	是指基础油墨 CMYK 中的 K 油墨，或是 "C：0% / M：0% / Y：0% / K：100%"的颜色。也可省略 K 以外的油墨称为"K：100%"，或是"纯黑色""黑 100%""100K 黑色"。

在 InDesign 中设置"黑色"的自动叠印

STEP1. 执行"编辑—首选项—黑色外观"命令(Windows)或"InDesign—首选项—黑色外观"命令(Mac OS)。

STEP2. 在"[黑色]叠印"区中勾选"叠印100%的[黑色]"*²。

★ 2."叠印100%的[黑色]"默认勾选。如果取消勾选,则即使使用"黑色"色板,也不会将其设为叠印。

★ 3. 在全选的状态下应用"叠印黑色",只有符合的位置会被设置为黑色叠印。

Id

首选项

黑色外观

RGB 和黑白设备上黑色的选项

屏幕显示: 所有黑色都显示为复色黑

打印/导出: 将所有黑色输出为复色黑

100K 黑色示例　　　　复色黑示例

■Aa　**■Aa**

[黑色]叠印
☑ 叠印 100% 的[黑色]

在 Illustrator 中可以通过菜单统一设置黑色叠印。若要单独设置,可使用"特性"面板。

在 Illustrator 中统一设置为黑色叠印

STEP1. 选择要设置为黑色叠印的对象*³,执行"编辑—编辑颜色—叠印黑色"命令。

STEP2. 在"叠印黑色"对话框中设置"添加黑色""百分比:100%",接着在"应用于:"勾选要应用的位置,然后单击确定。

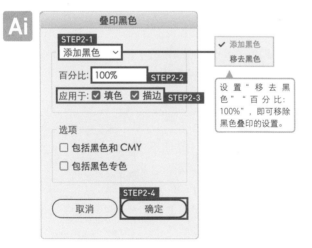

Ai

叠印黑色

STEP2-1
添加黑色

✓ 添加黑色
移去黑色

百分比: 100%　STEP2-2

应用于: ☑ 填色　☑ 描边　STEP2-3

设置"移去黑色""百分比:100%",即可移除黑色叠印的设置。

选项
☐ 包括黑色和 CMY
☐ 包括黑色专色

STEP2-4
取消　　确定

外观

■　路径

👁　∨ 描边: ∅

　　　不透明度: 默认值

👁　∨ 填色: ■ 叠印

　　　不透明度: 默认值

　　　不透明度: 默认值

□ ■ fx.　　　⊘ 🔲 🗑

黑色叠印的设置,除了可在"特性"面板进行,也可在"外观"面板中确认。

关键词

黑色叠印

别名: Black Overprint

把黑色（C: 0% / M: 0% / Y: 0% / K: 100%）的对象设置为叠印。这个颜色在 RIP 处理时会自动设置叠印,称为"自动黑色叠印"。

注意黑色叠印问题

相关内容｜关于复色黑，参照第 90 页

　　看似方便的黑色叠印如果用在粗体标题等面积较大的对象上[4]，可能会透出背面的图案。叠印预览时可能会发现这个问题，因此请养成随时确认的习惯。另一个解决办法是把设有黑色叠印的对象恢复成**挖空**，改用**复色黑**的方法。

★ 4. 在 "K：100%" 的填充上配置图像时，有时会看得到图像的边线。

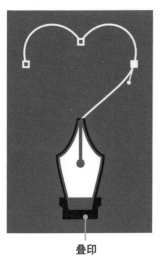

叠印

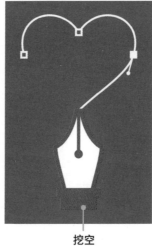

挖空

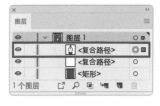

设置叠印后透出背景颜色边界的例子。

※ 为了便于区分重叠，例子中的黑色部分是用 "K：80%" 制成的。

关于 RIP 处理时的自动黑色叠印

相关内容｜复色黑与自动黑色叠印，参照第 94 页

　　制作者也可能在不知不觉中不小心设置了黑色叠印。如在 InDesign 中可能因为首选项的默认选择，而在使用"黑色"色板时自动设置了叠印，此时可自行添加 "K：100%" 的色板，不使用色板面板内建的"黑色"色板即可避免产生上述问题。

　　不过，如果印刷厂在 RIP 处理时应用了**自动黑色叠印**[5]，那么原本应该避免的黑色叠印又会被设定。关于这点，除了付印时仔细阅读完稿须知外别无他法。如果印刷厂能让客户自行决定是应用自动黑色叠印，还是**根据付印文件来指定**，那么就要让印厂知道你的选择，这样就会最大限度地避免非预期的黑色叠印。要注意的是，如果采用拼版印刷，大部分时候都会应用自动黑色叠印。

　　避免问题的方法是将 K 油墨变为 **"100%" 以外的数值**，或**混合 K 以外的油墨**等方法。如果不是 "K：100%"，就不会应用自动黑色叠印。会应用自动黑色叠印的印刷厂，大多会在完稿须知内提供避免的方法，也可试着确认看看。

★ 5. "自动黑色叠印"，是指印刷厂的 RIP 处理时设置的黑色叠印。原本是为了补救制作者忘记设置叠印所做的处理。

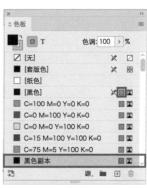

如果复制"黑色"色板，就会变成普通的"K：100%"色板。"黑色""无""纸色""套版色"，都是不能删除的特殊色板。

选项	印刷厂的RIP处理	InDesign的"黑色"色板	"黑色"色板以外的"K：100%"	"K：99%"
在 InDesign 中打开"黑色"色板自动叠印后存储的文件	自动黑色叠印	叠印	叠印	挖空
	根据指定	叠印	挖空	挖空
在 InDesign 中关闭"黑色"色板自动叠印后存储的文件	自动黑色叠印	叠印	叠印	挖空
	根据指定	挖空	挖空	挖空

※ ▢ 出现非预期叠印的例子。对象全部设置为挖空。

　　自动黑色叠印的问题，不只是对象被随意设置为叠印的问题。如果受到透明对象影响的部分包含"K：100%"的对象，之后进行透明度拼合而分割成图像及路径时[6]，印刷成品中可能会出现明显的分界线。

★ 6. 不支持透明的存储格式，受到透明对象影响的部分会被拼合。

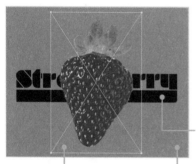

K：l00%（路径）
挖空

去背图像

C：100%
Y：20%（背景）

自动黑色叠印会变成问题，是因为包含会影响"K：100%"对象的透明对象，在存储为 PDF 及 EPS 时被拼合为图像及路径。在左图的例子中，去背图像与 LOGO 重叠的部分被图像化，没有重叠的部分则保留路径。此时的 LOGO 颜色，与去背图像重叠的部分及非重叠的部分都是"K：100%"。

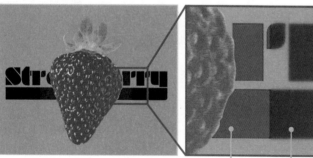

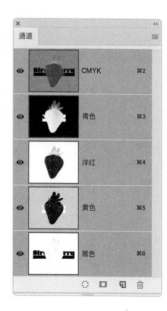

图像不会应用自动黑色叠印，因此被图像化部分的黑色仍会保持"K：100%"。路径的黑色因自动黑色叠印而被设置为叠印，这个部分会变得比"K：100%"还黑，因此会印出明显的颜色边界。虽然也可避免把 LOGO 设置为"K：99%"等数值，但是如果手动替 LOGO 设置叠印，让图像化部分也应用叠印，LOGO 的黑色也会加深，使印刷成果更亮丽。

K：100%
（图像）

C：100%
Y：20%
K：100%
（路径）

2-11 复色黑与油墨总量

用来表现"黑"的方法，有所谓的"复色黑（rich black）"，即同时加入 K 以外的油墨，让黑色变得更浓郁。不过，必须注意不可超过油墨总量的上限。

认识复色黑

复色黑（Richblack）是指"C：40% / M：40% / Y：40% / K：100%"或"C：60% / M：60% / Y：60% / K：100%"这类**同时使用 K 以外的油墨来表现的黑色**。因为复色黑让黑色变得更浓郁，用于大面积的对象很有效果。而且不会变成自动黑色叠印的处理对象，因此也可用作回避对策[*1]。

复色黑的比例并没有绝对值，通常是 K 以外的油墨追加"20%"到"60%"。也有像"C：60% / M：40% / Y：40% / K：100%"这样明度较低的 C 油墨多一些的方法。有些印刷厂也会提供参考值，建议先行确认完稿须知。

★ 1. 虽然可以尽量避免，但考虑到套印不准的影响，不适用于笔画细小的文字。此外，也不可用于条码和二维码。如果将其转换为"RGB 颜色"的黑色，大致上也会变成四色黑（请参考第94页）。所以，如果收到"RGB 颜色"模式的条码或二维码，请一定要注意。

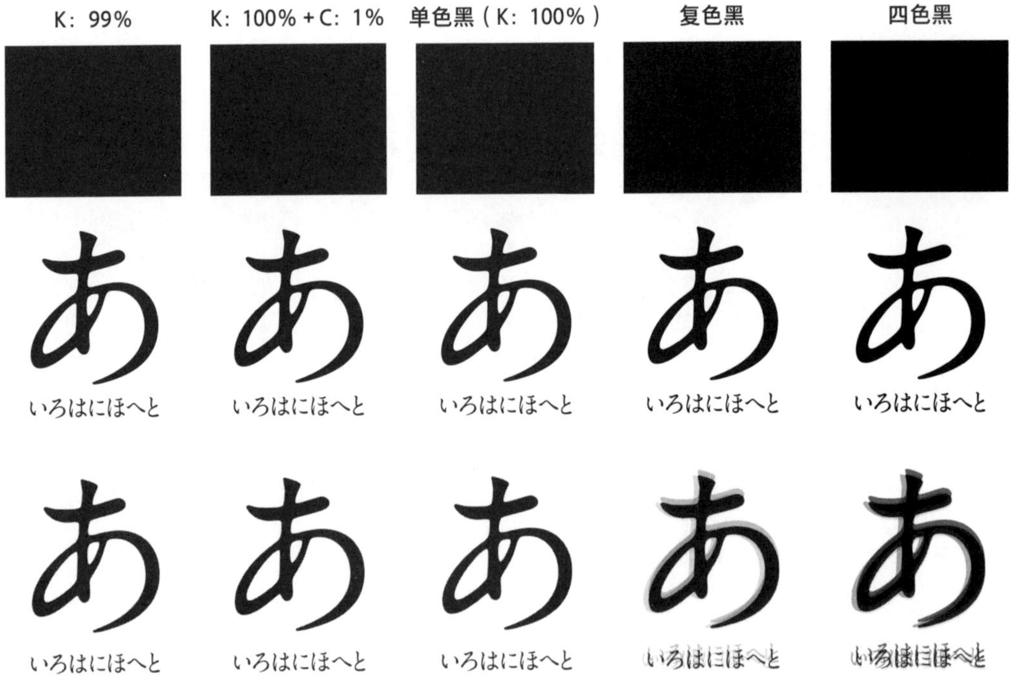

K：99%	K：100% + C：1%	单色黑（K：100%）	复色黑	四色黑

※ 复色黑是用"C：40% / M：40% / Y：40% / K：100%"制成的。上图文字实例的第二行，为模拟套印不准的状态。

※ 上图的"四色黑"套印结果是特别请印刷厂协助印出来的成果。通常状况下是印不成这样的。

注意油墨总量

使用复色黑之前务必要注意的是油墨总量的上限。**油墨总量**是指各像素"颜色值"的总和。例如，黄绿色（C：20% / M：0% / Y：100% / K：0%"）其油墨总量为 120%。

当油墨总量过高时，印刷时油墨干得慢，容易造成纸张背面变脏，或者纸张粘在一起的现象。关于油墨总量的上限，一般而言，涂布纸是 350%，非涂布纸是 300% 左右。非涂布纸的油墨总量上限较低，是因为非涂布纸上的油墨本来就比涂布纸上的油墨更不容易干。

"C：60% / M：60% / Y：60% / K：100%"的复色黑，油墨总量是 280%，这样就不必担心超过非涂布纸的上限。"C：40% / M：40% / Y：40% / K：100%"是 220%，以报纸印刷的一般标准[2] 来看也没有问题。

另外，油墨总量会造成问题的情况不仅限于使用复色黑的时候。对象及置入图像只要稍微超过油墨总量上限的部分，印刷厂就会拒收。油墨总量超过 300% 的颜色，几乎是接近黑色的颜色，因此处理偏黑对象或图像时请格外注意。

★ 2. 报纸使用的是较薄且粗糙的纸张，因此油墨总量不可超过 250%。

350 ÷ 4=87.5，300 ÷ 4=75。试着在"颜色"面板中设置"颜色值"CMYK 全都是"87.5%"或"75%"的颜色，几乎会变成黑色。

关键词

复色黑

用"C：40% / M：40% / Y：40% / K：100%"及"C：60% / M：60% / Y：60% / K：100%"等数值表现的黑色。大面积使用会很有效果。也可用来避免自动黑色叠印，不过考虑到套印不准的影响，不适合用于细小文字、细线或细微图案。

关键词

单色黑

别名：100K 黑色

用"C：0% / M：0% / Y：0% / K：100%"表现的黑色。因为只使用 K 油墨，所以不必担心套印不准，但印出来的黑色要比复色黑或四色黑要淡。因为只使用 K 油墨，若大面积使用，容易因为纸粉等异物的附着而产生白点（小孔），会变成自动黑色叠印的处理对象。

关键词

四色黑

别名：四色叠印黑

用"C：100% / M：100% / Y：100% / K：100%"表现的黑色。由于彻底达到油墨总量的上限，因此不可用于付印文件。唯一的例外，是用于裁切标记等处的"套版色"色板。

关键词

油墨总量

别名：油墨使用总量、TAC 值、油墨总量、网点总量

各像素"颜色值"的综合。如果颜色值过高，会在印刷时产生问题，因此须设置上限。全彩印刷（CMYK）一般的上限是 300% ~ 350%。

检查油墨总量

相关内容 | 用"输出预览"查看油墨，参照第 156 页

★ 3. 在 Illustrator 的"分色预览"面板及"文件信息"面板无法检查油墨总量。

要检查油墨总量，可利用 InDesign 的**"分色预览"面板**、Photoshop 的**"信息"面板**★3 及 Acrobat Pro 的**"输出预览"对话框**。在 InDesign 及 Acrobat Pro 中，还可高亮显示超过油墨总量上限的部分。

在 InDesign 中检查油墨总量

STEP1. 在"分色预览"面板设置"视图：油墨限制"。
STEP2. 输入油墨总量的上限。

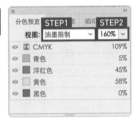
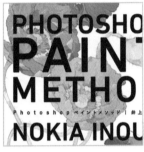

右侧显示的数值，是光标停留处的"颜色值"。若选择"视图：分色"，就会变成叠印预览。

超过油墨总量上限的部分，会用红色显示出来（右）。要恢复成一般显示（左），请选择"视图：关"。

在 Acrobat Pro 检查油墨总量

STEP1. 在Acrobat Pro打开"输出预览"对话框★4。
STEP2. 在"输出预览"对话框勾选"总体油墨覆盖率"，然后输入油墨总量的上限。

★ 4. 关于如何打开"输出预览"对话框，请参照第 156 页。

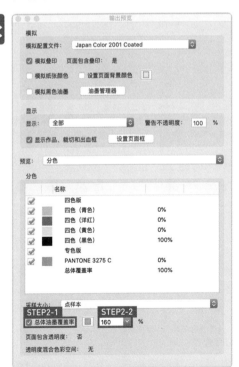

超过油墨总量上限的部分，会用绿色显示出来（下）。要恢复成一般显示（上），请取消勾选"总体油墨覆盖率"。

在 Photoshop 中检查油墨总量

STEP1. 从"信息"面板*5菜单执行"面板选项"命令。

STEP2. 在"信息面板选项"对话框中，将"第一颜色信息"更改为"模式：油墨总量"，然后单击"确定"。

STEP3. 将光标移至要检查的位置，即可在"信息"面板的"第一颜色信息"中确认。

★ 5. 在 Photoshop 的"信息"面板也可以查看文件尺寸及图层数量等信息。

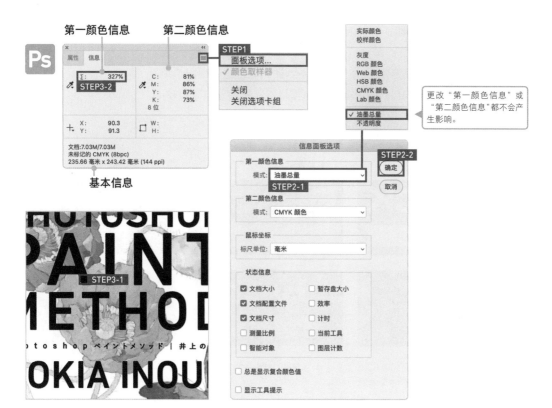

第一颜色信息　　　第二颜色信息

基本信息

指定为全彩印刷标准的颜色配置文件"Japan Color 2001 Coated"，然后从"颜色模式：RGB 颜色"转换为"CMYK 颜色"的图像，在此阶段会将涂布纸的油墨总量上限控制在**350%**。颜色配置文件中包含油墨总量上限的信息★ 6，在此次转换时也会随之调整。

只不过这个色域若使用四色黑★ 7来绘图，这个部分会超过上限。即使已经应用"Japan Color 2001 Coated"的图像重新应用相同的颜色配置文件，也不会调整油墨总量。应用其他的颜色配置文件，或是改变"颜色模式"，然后再应用"Japan Color 2001 Coated"，虽然能够调整油墨总量，但是颜色会改变。可试着使用"通道混合器"或"曲线"等调整图层，调整影响较小的通道内容。

油墨总量上限控制在 350% 以内大致上不会有问题，不过有些印刷厂会要求控制在更低的300%。这类印刷厂多半会提供转换用的颜色配置文件，不过有时也可等付印后再转换，建议先直接询问印刷厂。

★ 6. 颜色配置文件中设置的油墨总量上限，"Japan Color 2001 Coated"是 310%，"Japan Color 2002 Newspaper"是 240%。

★ 7. Photoshop 在此色彩空间中最深的黑色，是"拾色器"对话框中色彩图最右下角的那个颜色。若点按此处选择颜色，会自动变成油墨总量上限可使用的黑色。

复色黑与自动黑色叠印

相关内容｜关于 RIP 处理时的自动黑色叠印，参照第 88 页

设计中若有利用到复色黑与"K：100%"的微妙明度差[8]的情况，在操作过程中要注意是否使用到**"黑色"色板**，以及印刷厂 RIP 处理时是否会应用**自动黑色叠印**。上述因素会导致"K：100%"的对象变成叠印，造成非预期的结果。保险的做法是将"K：100%"设置为"K：99%"。即使预想过还是可能会出现意想不到的结果，这种情况也很常见，此时可以用 Illustrator 或 InDesign 制作样本，然后模拟印刷效果。

★ 8. 如果设计者使用了复色黑，建议在付印文件的规格要求文件及输出样本内特别标注。不过，会注意标注并进行处理，或是忽视标注直接输出，视印刷厂而定。

复色黑 "C：40% / M：40% / Y：40% / K：100%"

白色"K：0%" 单色灰"K：50%" 单色黑"K：100%"

挖空

叠印

若更改为叠印，会印不出白色 LOGO。白色的对象，不管背景是什么都会消失。

若更改为叠印，LOGO 部分会变成 "C：40% / M：40% / Y：40% / K：50%"。当同一版中有颜色时，会使用前面对象的"颜色值"。

若更改为叠印，会印不出单色黑 LOGO。

改变"颜色模式"造成的黑色变化

若将"颜色模式：RGB 颜色"的黑色"R：0 / G：0 / B：0"转换为"CMYK 颜色"[9]，会变成"C：93% / M：88% / Y：89% / K：80%"这种不上不下的数值；若转换为**"灰度"**，则会变成"K：100%"。根据上述原理，如要把用绘图软件绘制的"RGB 颜色"单一黑色（即单色黑）线稿用作付印文件，与其转换为"CMYK 颜色"，不如转成"灰度"变成"100%"，让线条不会被网点化。另一方面，**四色黑**也可转换为"RGB 颜色"或"灰度"的黑。事先了解黑色因"颜色模式"转换而产生的"颜色值"变化，即可根据用途加以控制。

★ 9."工作空间"或作为转换基础的颜色配置文件，是"RGB：Adobe RGB（1998）""CMYK：Japan Color 2001 Coated""灰色：Dot Gain 15%"。

C / M / Y / K	R / G / B	K（灰度）
0 / 0 / 0 / 100	37 / 30 / 28	95
93 / 88 / 89 / 80	0 / 0 / 0	100
100 / 100 / 100 / 100	0 / 0 / 0	100

第三章

专色印刷的付印文件

3-1 认识专色印刷

有些印刷品需要的颜色无法用基础油墨 CMYK 混合出来，因此会使用特别调和的油墨颜色印刷，表现出 CMYK 无法表现的颜色，这就是专色印刷。在使用专色印刷时，如果设置"颜色值：100%"，对象就不会网点化，其优点是轮廓清晰，可节省成本。

专色印刷的用途

相关内容 | "颜色值：100%"与其他数值，参照第 132 页

如果要用基础油墨 CMYK★¹ 表现橙色，必须用到 M 油墨与 Y 油墨。不过，如果有橙色的油墨，也可以只用一种油墨来表现。像这样为了表现特定的颜色而调和出的油墨，被称为**"专色"**或**"专色油墨"**，使用这种油墨的印刷，就是**"专色印刷"**。

★ 1. 即印刷色。为了方便读者理解，本书称之为"基础油墨 CMYK"。

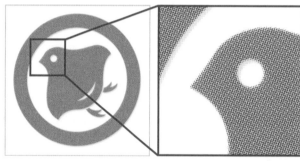

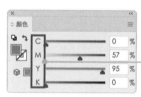

基础油墨 CMYK

在使用专色时，如果不设置为"颜色值：100%"就会被网点化。而且，使用多种油墨，也可能会有套印不准的情况发生。

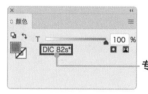

专色

因为可以用"颜色值：100%"来印刷，所以不会网点化，能够呈现均匀的色块，轮廓也很清晰。

※ 上图是本书用来明确说明专色特点的示意图，并非实际用专色油墨印刷而成。

关键词

专色

Spot Color

别名：专色油墨

特殊的预混油墨，用于替代或补充印刷色（CMYK）油墨。可再现荧光色、金属色、不透明的白色等 CMYK 调色无法表现的颜色，即使是浅色，也可用"颜色值：100%"印刷，因此也有不网点化的优点。在 InDesign 及 Illustrator 中，可用专色色板指定。

专色印刷的优势之一在于可以**控制成本**。单色印刷与双色印刷，使用的油墨数量会比彩色印刷（CMYK）少，可降低成本。如果使用红色及水蓝色等彩度高的油墨，通过单色印刷也可得到亮丽的视觉效果。此外，可使用 K 油墨搭配高彩度油墨来打造有层次的版面，像超市传单一样，使用红色油墨搭配绿色油墨表现肉类与蔬菜的颜色等。如果能巧妙挑选油墨，不仅能控制成本，还可以增强表现的效果。

专色印刷的另一个优点是其**颜色及表现范围更广**。如印制漫画书的封面，在基础油墨 CMYK 中加入荧光粉，可补偿人物肌肤的明亮度。如果使用金属色，通过专色印刷可表现基础油墨 CMYK 无法表现的金属光泽。还可活用纸张的颜色与质感印刷不透明的白色。

此外，专色不依赖电脑环境，因此能呈现**正确的显色**。为 LOGO 或包装的颜色指定专色，即使换了印刷厂，仍可得到几乎相同的颜色。

使用专色印刷也有不足之处：使用油墨的数量增加，或是使用了不同的油墨种类，反而会提高成本；制作付印文件需要具备一定的相关知识；由于油墨的性质，完成的视觉效果不一定如预想那般。

上图：在牛皮纸上使用不透明的白色来表现白兔的毛色。下图：用金属色油墨增添光泽。

专色印刷的付印文件与注意事项

专色印刷的付印文件的制作方法有很多种，请根据印刷厂[2]及使用的油墨、制作软件等因素灵活运用，包括指定基础油墨 CMYK 的任意一种色、用单色黑制作、每个油墨分别存档或指定图层、用专色色板指定等，下面我们将逐一具体解说。本书尽可能将业内通用性高的方法整合起来，不过仍有可能遇到无法接受上述方法付印的印刷厂。印刷厂的完稿须知多半会记录具体做法，请参照须知处理文件。

在文件中处理**专色色板**时必须格外慎重。例如，在透明对象中使用专色时要注意，专色编号没有精准标示会被误判为其他的版等。用专色色板指定是最终手段，若印刷厂能够接受基础油墨 CMYK 或单色黑制成的付印文件，采用这种做法比较保险。

★ 2. 针对无法处理专色印刷的印刷厂，建议和印刷厂业务人员确认（注：很多印刷厂不会在网站中介绍太多细节，所以最好自行向印刷厂咨询）。

3-2 制作专色付印文件的方法① 指定基础油墨CMYK

从这一节开始，我们来介绍如何制作专色的付印文件。我们会使用基础油墨 CMYK 来制作付印文件，最后再置换成专色。采用一般四色印刷的做法即可，容易入门，也是最安全的方法。

用基础油墨CMYK暂代专色通道

不易引发问题的灵活做法，是挑选**基础油墨 CMYK** 中的几个通道，分别暂代专色通道来制作付印文件★1。当专色油墨不超过 4 个颜色时，用此方法即可应对。

因为可以通过彩色印刷（CMYK）制作，所以不需要掌握额外的专业知识。由于付印文件不包含专色，因此可避免麻烦，也可用 PDF 付印。另外，即使处于尚未确定专色油墨的阶段，也可持续对文档进行操作。

有点令人困扰的是，用临时的油墨来制作，较难想象完成后的视觉效果。这时可以稍微变通一下，如红色油墨就选 M 油墨，蓝色油墨就选 C 油墨，也就是挑选接近实际使用的专色油墨颜色。不过，如果使用颜色最深的 K 油墨，会不容易判断叠印等重叠处。即使用深褐色、藏青色等接近黑色的油墨★2，如果需要模拟叠印的话，也推荐用 C 油墨暂代。

★1. 在付印时，需要附注专色色板名称，以便印刷厂替换，如"C 版用 DIC317 印刷、M 版用 DIC2166 印刷"等指示（注：本书作者使用的 DIC 色板为日本油墨化工色板，是日本较常用的专色色板，而我们大多用潘通系统的色板）。

★2. 即使是深色部分，在实际印刷时，有时也会从设置叠印的部分意外地透过背面。

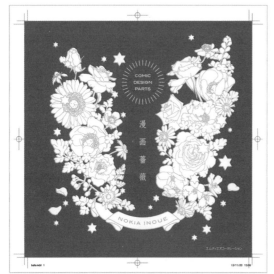

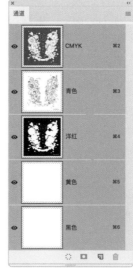

以 C 油墨与 M 油墨制成的付印文件范例。

要总览版的状态，Photoshop 的通道面板很好用。例如，C 油墨的着色范围，只要通过青色通道的缩览图即可辨别。颜色值高的部分接近黑色，低的部分接近灰色，没有油墨分布的部分则用白色表示。

将图像的颜色分解成基础油墨CMYK

相关内容 | 将通道中的图像移动到其他通道，参照第127页

在 Illustrator 及 InDesign 中，如果替对象设置已选择的基础油墨，或是调和过的颜色，就完成了 CMYK 的指定。如果是常用颜色，事先新增为**全局印刷色色板**[3] 会很方便。这样设置颜色的话，可以一次性更改颜色值。

照片及插画等栅格图像，在 Photoshop 中会被分解成基础油墨CMYK。"颜色模式：RGB 颜色"的图像必须先转成"CMYK 颜色"，此时，也可不产生**黑色通道**而进行转换[4]。大部分的彩色图像，只用青、洋红、黄这 3 个通道即可表现。在使用的油墨种类数量不多时，建议在最初阶段先减少一个，之后处理会更轻松。

将"RGB 颜色"转换为"CMYK 颜色"后不产生黑色通道

STEP1. 执行"编辑—转换为配置文件"命令，在"转换为配置文件"对话框中设置"目标空间—配置文件：自定CMYK"。

STEP2. 在"自定CMYK"对话框中将"分色选项"更改为"黑版产生：无"，然后单击"确定"。

STEP3. 单击"转换为配置文件"对话框的"确定"。

★ 3. 关于全局印刷色色板，请参照第110页。InDesign 的印刷色色板相当于 Illustrator 的全局印刷色色板。

★ 4. 在转换颜色模式时会变成使用"Japan Color 2001 Coated"以外的颜色配置文件，因此这个文件在存储时不会嵌入颜色配置文件。

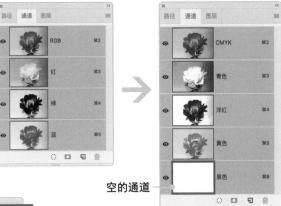

空的通道

黑色通道呈现空白状态并分解成青色、洋红、黄色。

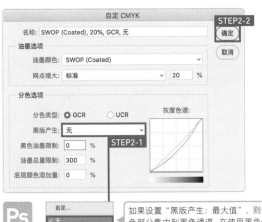

如果设置"黑版产生：最大值"，则会把黑部分集中到黑色通道。在使用黑色外框线的插图或整体偏黑的照片等以黑色或接近黑色的颜色为主时，可选择此项。

把黄色通道隐藏或变成空白，就可以用两色的油墨来表现。

　　要调整通道，可以通过**"通道混合器"调整图层**，不仅能够在无损于原始图像的同时让用不到的通道变空白，还可从其他通道移动元素。在置入 Illustrator 及 InDesign 后，也可保留调整图层[★5]，因此置入后仍可调整油墨的分配。

★ 5. 建议在付印文件中将图像栅格化。制作过程中可保留调整图层，但付印时最好先栅格化。

用调整图层"通道混合器"分版

STEP1. 执行"图层—新建调整图层—通道混合器"命令。
STEP2. 在"属性"面板中把不使用"输出通道"的通道全部变为"0%"。
STEP3. 把"输出通道"设置为要使用的通道，根据需求更改其他通道的元素。

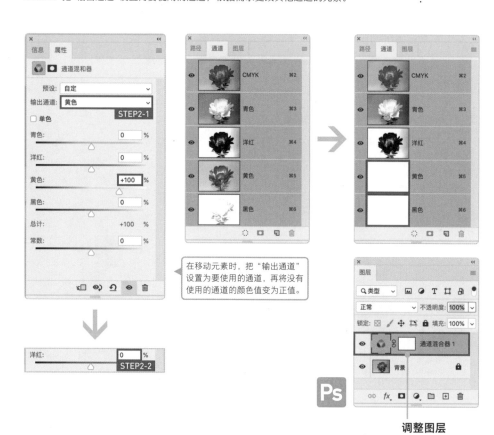

在移动元素时，把"输出通道"设置为要使用的通道，再将没有使用的通道的颜色值变为正值。

调整图层

关键词
通道
可以保留颜色值、选择范围、蒙版范围等信息。每一个通道皆呈现灰度图像。通道的构成会随"颜色模式"的设置变化而改变，"灰度"及"位图"只有一个通道，"RGB 颜色"及"CMYK 颜色"则会在面板中显示合成通道及颜色信息通道。在制作付印文件时，让每块版图像化的通道承担重要的任务。在"CMYK 颜色"的情况下，可认为"通道 = 印版，通道的颜色 = 油墨"。如果 Photoshop 文件包含专色信息，也设置为专用的通道（专色通道）。

关键词
调整图层
把色调整图层化的功能。优点是可保持原始图像、可控制调整结果的打开或关闭、可重复编辑设置。即使在保留调整图层的状态下，也可以置入排版软件中，但是付印时最好还是拼合。

制作输出样本

相关内容 | 让 Photoshop 文件包含专色信息，参照第 112 页

　　制作时使用的是临时油墨，与实际使用的专色油墨颜色并不相同。为了避免发生弄错油墨或成品视觉效果有偏差的情况，需要附加输出样本。Photoshop 很适合制作**输出样本**，只要利用通道面板，就可轻松将每个印版图像化。

　　常见的做法是利用**纯色图层**。从通道创建选区后变成纯色图层，再用"混合模式：正片叠底"叠加，即可模拟印刷的颜色。如果改变填充图层的颜色，也可更改油墨的颜色。再者，如果将纯色图层的颜色改为"K：100%"，即可变成单色黑付印（请参考第 104 页）的付印文件[*6]。

利用 Photoshop 的纯色图层制作输出样本

STEP1. 在Photoshop打开付印文件[*7]，在"导入PDF"对话框中选择页面，设置"模式：CMYK颜色"后单击"确定"。

STEP2. 按住"Ctrl/command"键，然后点按通道面板的缩览图创建选区，再执行"选择—反选"命令反选选区[*8]。

STEP3. 执行"图层—新建填充图层—纯色"命令，在"拾色器(纯色)"对话框单击"颜色库"。

★ 6. 如果要将输出样本当作付印文件使用，请设置适合印刷的分辨率。

★ 7. 付印文件如果是图像（Photoshop 格式等），请先为付印文件备份。付印文件如果是 Illustrator 文件或 PDF 文件，用 Photoshop 打开后就会被当成另一个文件，保存也不会影响原来的付印文件。

★ 8. 选择时按住"Ctrl/command"键可选择的是通道的白色部分，反选后即可选择黑色的部分。

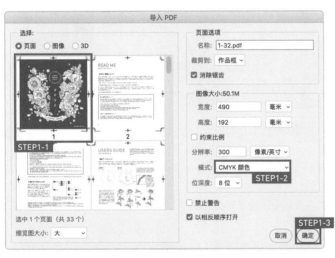

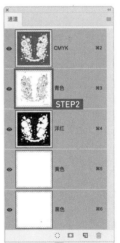

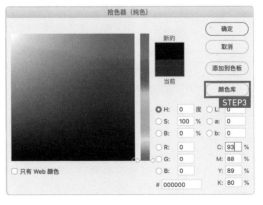

STEP4. 在"颜色库"对话框中下拉"色库"列表，从中选择要使用的专色油墨，然后单击"确定"。

STEP5. 每个通道重复STEP2到STEP4的操作，在制作纯色图层[*9]后，更改为"混合模式：正片叠底"。

★ 9. 先隐藏创建好的纯色图层，再从通道创建选区。

"色库"的默认值是"DIC颜色参考"。

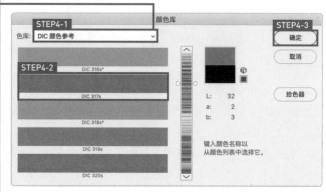

纯色图层

制作好的输出样本

更改为"正片叠底"，是为了呈现叠印。全部挖空时保持"正常"即可。另外，合成本身是用"CMYK颜色"来处理的，因此无法成为正确的颜色。

关键词

输出样本

别名：印刷样本

为了确认付印文件的视觉效果而制作的样本。付印文件要使用支持 PostScript 的打印机，以附带裁切标记的原尺寸输出最为理想，但是一般拼版印刷也允许以 JPG 格式的图像及 PDF 格式文件来代替。虽然一般认为输出样本有"确认文字与图像的位置"与"确认颜色"两个作用，但并非所有印刷厂都会用它作为颜色参考。当输出样本对颜色的表现要求非常严格时，必须附注"用作颜色样本"。需要注意的是，这项成本不含在印刷费用内，所以也可能无法校色。

关键词

多通道

别名：多通道模式

Photoshop 的颜色模式的一种。如果转换为这种颜色模式，除了 Alpha 通道外，所有的通道都会转换为专色通道。此时，合成通道会被丢弃。可更改通道重叠顺序的只有这种颜色模式。可以存储的格式仅限于 Photoshop 格式、大型文件格式、RAW 格式、DCS2.0 格式。该模式可用来创建专色印刷的付印文件。

在 Photoshop 中，有被称为"**多通道**"的颜色模式。若转换为此模式，即可将通道使用的颜色更改为专色油墨[★10]，因此可模拟印刷结果。不过保存格式仅限于 Photoshop 格式及 DCS2.0 格式等特殊格式，无法存储为 JPEG 等通用性高的格式[★11]。在要用作输出样本时，建议截取屏幕画面。

用 Photoshop 的专色通道制作输出样本

STEP1. 在 Photoshop 设置"模式：CMYK 颜色"后打开付印文件，执行"图像—模式—多通道"命令，转换为多通道。

STEP2. 在"通道"面板中双击专色通道后打开"专色通道选项"对话框，单击"颜色"色块。

STEP3. 在"颜色库"对话框中下拉"色库"列表，从中选择要使用的专色油墨，然后单击"确定"。

STEP4. 在"专色通道选项"对话框单击"确定"。

★ 10. 专色通道中如果设置专色，Finder 及 Bridge 的缩览图将无法显示正确的颜色（除非使用的颜色是基础油墨 CMYK）。另外，可以在保留专色通道的状态下，恢复成 CMYK 颜色（请参照第 113 页）。

★ 11. 如果置入 InDesign，则会以 JPEG 等格式导出。

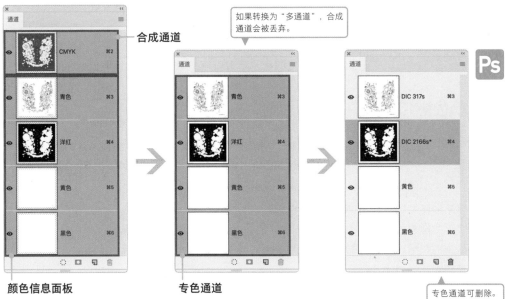

如果转换为"多通道"，合成通道会被丢弃。

合成通道

颜色信息面板

专色通道

专色通道可删除。不过，只有一个通道时，通道的颜色无法反映在画面的预览上，只会以灰度显示。当有两个以上通道时即可显示画面预览，因此如果不小心删除了通道，可从通道面板的菜单执行"新建专色通道"命令，新建一个空白的专色通道。

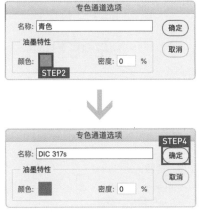

"颜色库"对话框的内容与左页相同。

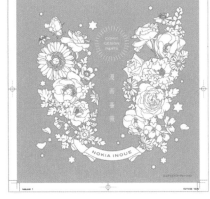

3-3 制作专色付印文件的方法② 使用单色黑制作

专色的付印文件，也可以用单色黑制作（不过制作前请先与印刷厂确认是否可行）。只要是能够用"颜色模式：灰度"编辑的软件即可制作，但是容易发生问题，如难以想象完成效果，或两色以上容易混淆等。

单色黑的优点

上油墨的部分用黑色，不上油墨的部分用白色或透明，就可以制作专色印刷的付印文件。只要是 Photoshop Elements、优动漫 PAINT 这类可用"颜色模式：灰度"编辑的软件[1]，即可有效运用。缺点在于较难想象成品效果，"颜色值：100%"的部分即使重叠也不易发现。

制作单色黑付印文件

在用 Illustrator[2] 及 InDesign 制作单色黑的付印文件时，颜色只用 K 油墨指定。用"100%"印刷部分设置为"K：100%"，不印刷的部分设置为"K：0%"。K 油墨的色值会直接变成专色油墨的**网点%**，因此颜色较淡的部分设置为"K：50%"等数值。不过，"K：100%"以外的数值一定会**网点化**，因此无法呈现均匀的填充或清晰的边缘。细小的文字与极细的线网点化后可能会导致文字的可读性降低，或是线条断断续续。设置时请务必注意这几点。

★ 1. 无法用"CMYK 颜色"编辑的软件，大多数可以用"灰度"和"位图"模式制作。

★ 2. 在使用 Illustrator 时，请将文件设置为"颜色模式：CMYK 颜色"，然后只用 K 油墨来制作。置入图像的颜色模式，除了灰度及位图，也可使用只有黑色通道的"CMYK 颜色"。

付印文件

印刷效果

专色单色印刷的付印文件与其印刷结果（模拟）。"K：100%"的部分用"专色油墨（红）：100%"印刷。

如果使用 Photoshop 制作，则将文件设置为**"颜色模式：灰度"**，然后用黑[3]、白或灰色分别着色。也可像 Illustrator 一样，在 **"CMYK 颜色"** 的文件中只使用黑色通道。

另外，漫画原稿等使用的**位图**图像可直接用作专色印刷的付印文件。这种颜色模式只用黑白像素来表现图案，因此，要保持与 350 ppi 的灰度图像相同的细节，需要原始尺寸 600 ppi 以上的分辨率。

用Photoshop将彩色图像转换为单色黑图像

在把彩色图像转换为单色黑时，可以利用 Photoshop 将其转换为"颜色模式：灰度"，但是如果维持 CMYK 颜色模式，用调整图层的方式将其转换为单色黑，不仅能够保留颜色的信息，之后的调整也会比较灵活。要转换为单色黑，可利用**"通道混合器"**及**"色相/饱和度"**[4]等调整图层。

用"通道混合器"调整图层，将图片转换为单色黑

STEP1. 执行"图层—新建调整图层—通道混合器"命令。
STEP2. 在"属性"面板勾选"单色"，然后用滑块调整各通道的影响力。

可以从原始图像的颜色推断所需的元素，例如，要让背景变亮则减少青色，要让花瓣边缘变清晰则增加洋红色。

★ 3. 这里的黑是指"K：100%"，白则是"K:0%"。

★ 4. 利用"黑白"调整图层也可将彩色图像转换为单色黑。不过，可使用的仅限于"颜色模式：RGB 颜色"的情况，必要时要改为适合印刷的 CMYK 模式。

勾选"单色"后的状态。在"属性"面板的默认情况下，将"输出通道"选择的青色通道变为单色的状态。

进一步调整各通道的输出设定值，使彩色图像变成对比鲜明的单色图像。

用"色相/饱和度"调整图层，将图像转换为单色黑

STEP1. 执行"图层—新建调整图层—色相/饱和度"命令。

STEP2. 在"属性"面板勾选"着色"，然后设置"饱和度：0"。

利用"色相/饱和度"调整后的效果显得有点平淡，建议搭配使用"色阶"来调整对比度。

★ 5. 单击工具面板的"设置前景色和背景色"，无法将前景色变成"K：100%"。必须在"拾色器"对话框中进行更改："C：0% / M：0% / Y：0% / K：100%"。

单击此图标可让前景色和背景色恢复默认设置

用"渐变映射"调整图层，将图像转换为单色黑

STEP1. 设置"前景色：黑（K：100%）"[*5]"背景色：白（K：0%）"。

STEP2. 执行"图层—新建调整图层—渐变映射"命令。

STEP3. 单击"属性"面板中的渐变，打开"渐变编辑器"对话框，利用"色标"及"中点"的滑块来调整对比度。

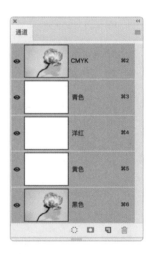

如果将色标设置为"C：100%"，可集中到青色通道。

中点

色标

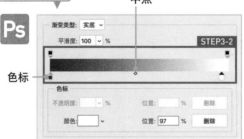

调整图层

默认的渐变是"前景色到背景色"，因此如果设置为"前景色：黑（K：100%）""背景色：白（K：0%）"，在创建"渐变映射"调整图层的阶段，黑色以外的通道会变空白。如果各通道皆有像素分布，表示前景色没有设置为"K：100%"。此时请点选"色标"，利用"颜色"更改颜色。

在Illustrator中将对象转换为单色黑

用 Illustrator 也可将对象转换为单色黑[6]。不管使用**"转换为灰度"**还是**"重新着色图稿"**，K 油墨都会变成相同的色值。如果使用**"调整色彩平衡"**，则可用滑块调整 K 油墨的颜色值。另外，"转换为灰度"与"调整色彩平衡"对于嵌入图像也适用。

★ 6. 在选择对象后，在"颜色"面板的菜单执行"灰度"命令切换颜色显示，也可将图像转换为单色黑。不过，这种做法的前提条件是选择的路径只有一个，或是在选择多个路径时，所有对象的"填充"与"描边"的设置都相同。如果选择不同颜色的多个路径所构成的对象，菜单会呈现为无法选择的状态。

用"转换为灰度"将对象变为单色黑

STEP1. 选择对象。

STEP2. 执行"编辑—编辑颜色—转换为灰度"命令。

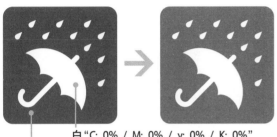

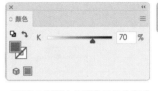

"颜色"面板中的颜色显示会变成灰度。

白"C: 0% / M: 0% / y: 0% / K: 0%"

红"C: 0% / M: 100% / y: 100% / K: 0%"

用"重新着色图稿"命令将图像转换为单色黑

STEP1. 选择对象，执行"编辑—编辑颜色—重新着色图稿"命令[7]。

STEP2. 在"重新着色图稿"对话框中单击"编辑"区域，将"指定颜色调整滑块模式"设置为"全局调整"。

STEP3. 设置"饱和度：﹣100%"，然后单击"确定"。

★ 7. 单击控制面板上的图标也可以打开。

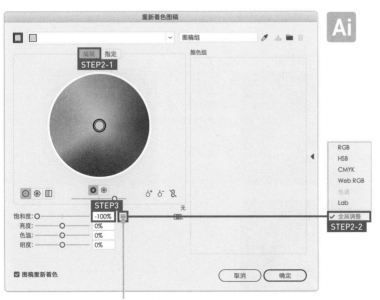

单击这里指定颜色调整滑块的模式

"颜色"面板虽然仍以 CMYK 模式显示，但结果与"转换为灰度"相同。

用"调整色彩平衡"[8]**转换为单色黑**

STEP1. 选择对象,执行"编辑—编辑颜色—调整色彩平衡"命令。

STEP2. 在"调整颜色"对话框中更改"颜色模式:灰度",勾选"转换"后单击"确定"。

★ 8."调整色彩平衡"是单纯加减"颜色值"的功能。例如,如果更改为"C:10%",则白色"C:0% / M:0% / Y:0% / K:0%"的部分会变成"C:10% / M:0% / Y:0% / K:0%"。

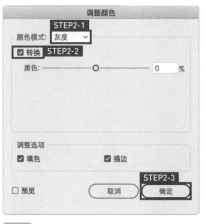

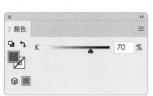

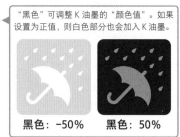

"黑色"可调整 K 油墨的"颜色值"。如果设置为正值,则白色部分也会加入 K 油墨。

黑色:−50%　　黑色:50%

用 Photoshop 及 Illustrator 的菜单转单色黑时,有一点要切记,如果直接将转换后的文件用作付印文件,可能出现非预期的结果[9]。如把"C:0% / M:100% / Y:100% / K:0%"的红色转换为"K:70%",然后以此作为付印文件。用红色油墨印刷,则会以"70%"来印刷,因此会变成比较淡的红色。通过菜单进行转换后,对于原本用"100%"表现的部分,必须检查是变成黑色还是接近黑色的颜色,根据需要调整色调,个别调整为"K:100%"。

★ 9. 将彩色印刷用的付印文件直接通过软件菜单转换为灰度模式,然后就这样付印,容易发生错误。彩色 logo 等处需要格外注意。

付印文件　　　　　　印刷效果

"K:70%"的部分会用"专色油墨:70%"印刷而网点化,无法呈现油墨原本的颜色。

"K:100%"的部分用"专色油墨:100%"印刷,可呈现油墨原本的颜色。

■ 印刷用的专色油墨的颜色

用单色黑制作双色以上的付印文件

在使用两种或两种以上的专色油墨时，从头到尾都用单色黑来制作付印文件相当困难。先将一个颜色设置为黑色（K 油墨），其他颜色用适当的颜色来制作，最后再全部转为黑色，这是比较实际的解决方法。在 Illustrator 及 InDesign 中，先将每个油墨创建为**全局印刷色色板**[10]，再利用这些色板来设置颜色，最后转换成黑色就会轻松许多[11]。

在 Photoshop 中可以将通道存为灰度图像。还有一个方法，是先比照第 98 页分配基础油墨 CMYK，接着用 Photoshop 打开文件将每个通道转成图像，借此完成单色黑付印文件。在用 Photoshop 打开文件时，一定要注意图像的分辨率是否适合印刷。

用 Photoshop 将每个通道图像化

STEP1. 用Photoshop打开文件，从"通道"面板的菜单执行"分离通道"命令。
STEP2. 存储分离后产生的灰度图像。

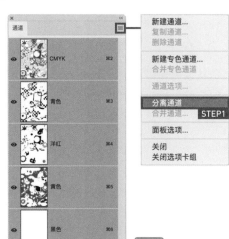

分配基础油墨 CMYK 所完成的设计。

如果有多个图层，则无法执行"分离通道"命令。先合并图层或将图像拼合，即可执行该命令。

★ 10. 利用叠印融合的颜色，无法用全局印刷色色板正确重现。设置为"颜色类型：专色"使其变成专色色板，即可正确反映，但是专色色板容易造成麻烦，因此最后改为黑色时，别忘了改为"颜色类型：印刷色"使其恢复为全局印刷色色板。另外，偶尔也会遇到呈现灰色状态无法更改"颜色类型"的状况。

★ 11. 付印时是否能够用一个文件付印须根据印刷厂的要求而定。当可以用一个文件付印时，通常每种油墨必须分别以不同图层处理。图层的名称以油墨名称来明确标注。当必须分别存档时，文件名须以油墨名称命名。

青色

洋红

黄色

印刷效果

将青色通道的图像替换为黑色油墨，洋红通道替换为红色油墨，黄色通道替换为土黄油墨进行印刷，会呈现最右图的结果。最右图的印刷结果是模拟效果。

109

3-4

制作专色付印文件的方法③
在文件中包含专色信息

使用专色色板及专色通道的付印文件，优点是成品不会偏色，且不需要制作输出样本。缺点是接受这类付印文件的印刷厂数量有限，而且专色信息也可能会造成输出问题。

专色色板与读取方法

专色色板，是 Illustrator 及 InDesign 中可使用的色板，内含**专色色号**及其**外观颜色信息**。专色色板与基础油墨 CMYK 相同，会被当作一种独立的油墨处理，在导入"色板"面板后，会添加到"分色预览"面板中。像这种有特殊作用的色板，注意不可以对比印刷色色板或全局印刷色色板的感觉去使用。

专色色板，基本上是从**色板库**[1] 导入，不过在 Illustrator 与 InDesign 中的导入方式有点不同。

※ 须格外注意专色色板库的使用。如果只是作为色样使用的话，可能会出现意想不到的麻烦。

★1. 支持现有专色油墨的专色色板，收录在"色板库"的"色标簿"中，包含有"PANTONE+ CMYK Coated"和"DIC Color Guide"等。

印刷色色板   专色色板
全局印刷色色板

关键词

专色色板

是 Illustrator 与 InDesign 中可以使用内含专色色号与外观颜色信息的色板。缩览图右下角会显示有"．"的白色三角形。与其他的色板不同，会在"分色预览"面板中形成独立的印版，只要用此色板设置颜色，便会将要素移动到与 CMYK 不同的印版上。其他色板也可通过"颜色类型：专色"转换为专色色板，但为了避免麻烦，基本上是从色板库导入。

关键词

印刷色色板

是设置为"色彩类型：印刷色"的色板。印刷色是使用基础油墨 CMYK 来表现的颜色。全局印刷色色板也包含在印刷色色板内。色板的颜色也可以在"CMYK 颜色"以外的"颜色模式"来设定，不过最后还是会转换成 CMYK 显示。在使用 Illustrator 时，即使改变色板的设置，也不会影响已经应用此色板的对象颜色。

关键词

全局印刷色色板

设置为"颜色类型：印刷色"，同时勾选"全局色"的色板（仅限 Illustrator）。缩览图右下角会显示白色三角形。如果更改色板的设置，应用此色板的对象颜色也会同步改变。如果用此色板指定颜色，即使处于颜色尚未确定的阶段，也可持续进行操作。

在 Illustrator 中导入专色色板

STEP1. 执行"窗口—色板库—色标簿—DIC Color Guide"命令[*2]。

STEP2. 单击专色色板，即可添加到"色板"面板。

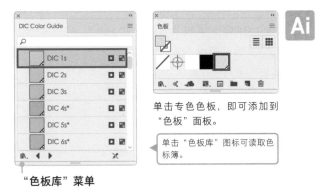

单击专色色板，即可添加到
"色板"面板。

单击"色板库"图标可读取色
标簿。

"色板库"菜单

★ 2. 其他的专色色板
库，也可用相同的导入
方式打开。

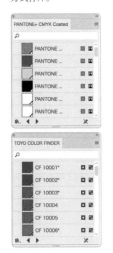

在 InDesign 中导入专色色板

STEP1. 从"色板"面板执行"新建颜色色板"命令。

STEP2. 在"新建颜色色板"对话框选择"颜色模式：DIC Color Guide"，从列表中选择色板
后单击"确定"。

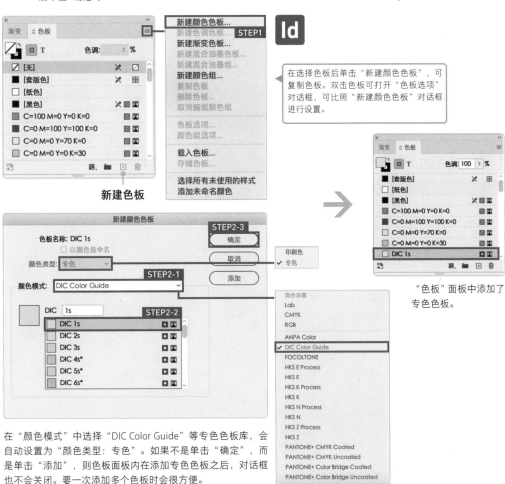

新建色板

在选择色板后单击"新建颜色色板"，可
复制色板。双击色板可打开"色板选项"
对话框，可比照"新建颜色色板"对话框
进行设置。

"色板"面板中添加了
专色色板。

在"颜色模式"中选择"DIC Color Guide"等专色色板库，会
自动设置为"颜色类型：专色"。如果不是单击"确定"，而
是单击"添加"，则色板面板内在添加专色色板之后，对话框
也不会关闭。要一次添加多个色板时会很方便。

管理专色色板

相关内容｜在"输出"区域设置颜色空间，参照第 149 页

　　在使用专色色板时，建议尽量在决定了要使用的颜色后再添加。仅仅添加就会形成独立的色板，而且如果在尝试阶段添加，"色板"面板内会存在许多相似的色板，很可能因此选错颜色[3]。如果不得不添加候选色板，最好定期删除未使用的色板，整理"色板"面板。

删除未使用的色板（Illustrator[4]）

STEP1. 在"色板"面板的菜单执行"选择所有未使用的色板"命令。
STEP2. 单击"删除色板"图标，然后单击警告对话框的"是"。

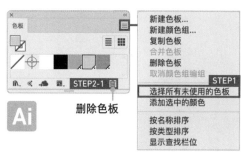

删除色板

　　其他色板也可通过"色板选项"对话框更改为**"颜色类型: 专色"**[5]，即可变成专色色板。但是自己创建的专色色板容易造成输出问题，必须格外注意。专色色板，最好是从色板库中读取使用。

让Photoshop文件包含专色信息

相关内容｜制作输出样本，参照第 101 页

　　Photoshop 可保存专色信息的是**专色通道**或是**"颜色模式: 双色调"**的文档。从"色板"面板的菜单虽然能够读取"DIC Color Guide"等专色信息，但这些终究是模拟颜色，即使使用了也不会被识别为专色信息。

　　除了"颜色模式: 位图"以外都可以创建专色通道，但是"灰度"的图像若包含颜色元素会造成混乱，因此通常会使用"CMYK 颜色"来制作。

关键词

专色通道

Photoshop 通道的一种。可保存专色色号及外观颜色信息。如果选择现有的专色油墨，专色色号会变成通道的名称，通道表现的颜色会变成专色油墨的外观颜色。也可设置"不透明度"，默认值是"0%"，如果更改为"100%"可模拟不透明油墨。

★ 3. 在导出 PDF 时，可通过油墨管理的功能，将暂时替用的相似专色色板置换成原本使用的专色色板，详情请参照第 150 页。

★ 4. InDesign 要删除未使用的色板，一样是在"色板"面板的菜单执行"选择所有未使用的样式"命令，然后单击"删除选定的色板／组"图标。如此便不会显示警告对话框。

★ 5. 专色色板具有可正确反映叠印的优点，因此也有将全局印刷色色板暂时转换为专色色板的作业方法。不过，若是使用 Illustrator，专色色板的叠印，在导出为 Photoshop 格式或 JPEG 格式等图像时不会反映出来，因此在输出样本图像时，可先在 Illustrator 内栅格化，或是用屏幕截图的方式。将其置入 InDesign 后导出为图像可以反映出专色色板的叠印，因此也可利用此方法。

全局印刷色色板

叠印　　正片叠底

专色色板

叠印　　正片叠底

在 Photoshop 中创建专色通道

STEP1. 从"通道"面板的菜单执行"新建专色通道"命令。

STEP2. 在"新建专色通道"对话框中单击"颜色"色块，在"颜色库"对话框中选择"色库：DIC颜色参考"。

STEP3. 从列表中选择专色油墨，单击"确定"之后，再在"新建专色通道"对话框中单击"确定"★6。

★ 6. 在专色通道中设置的专色信息随时都可以变更。双击专色通道的缩览图，即可打开"专色通道选项"对话框再次编辑。

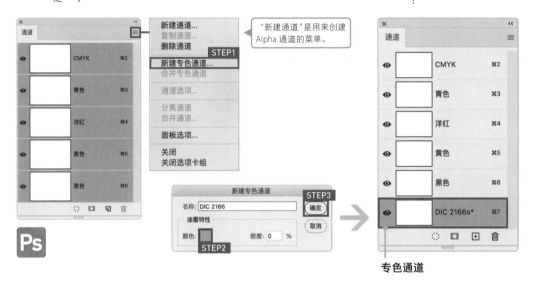

第 103 页中是将现有的通道转换为专色通道作为输出样本的方法。用这个方法也可制作付印文件，但如果无法以"颜色模式：多通道"付印，则必须恢复成"CMYK 颜色"★7。

★ 7. 即使已经恢复成"CMYK 颜色"，也还是会有部分印刷厂无法接收包含专色通道的付印文件，因此请务必确认印刷厂对付印文件的要求。

将"多通道"恢复成"CMYK 颜色"

STEP1. 从"通道"面板的菜单执行"新建专色通道"命令，创建临时的专色通道。

STEP2. 重复3次STEP1的操作，然后把已经创建的4个专色通道移动到多通道的上面。

STEP3. 执行"图像—模式—CMYK颜色"命令。

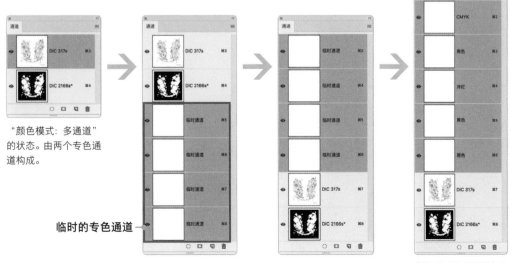

"颜色模式：多通道"的状态。由两个专色通道构成。

恢复成"CMYK 颜色"

　　"颜色模式：双色调"是用多个油墨来表现**灰度图像**。搭配其他油墨补充黑色浓淡变化难以表现的色域，可为图像营造深度韵味，因此常用于黑白写真等。不过彩色图像一旦转换成灰度图像，照片的颜色信息就会丢失。在让付印文件的置入图像包含专色信息时也可使用这个方法。

让"颜色模式：双色调"的文件包含专色信息

STEP1. 执行"图像—模式—灰度"命令转换为灰度图像。
STEP2. 执行"图像—模式—双色调"命令，在"双色调选项"对话框中设置"类型：单色调"。
STEP3. 单击"油墨1"的缩览图[8]，在"颜色库"对话框中选择专色油墨，然后单击"确定"。
STEP4. 在"双色调选项"对话框中单击"确定"。

★ 8. 单击"油墨1"的缩览图后如果打开的是"拾色器（墨水1颜色）"对话框，请单击其中的"颜色库"，即可打开"颜色库"对话框。

CMYK 颜色

灰度

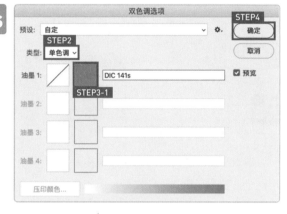

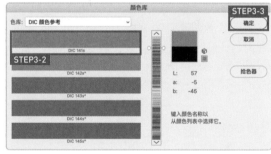

双色调

如果要再次编辑，请执行"图像—模式—双色调"命令，即可打开"双色调选项"对话框。此外，如果转换为"颜色模式：多通道"，可分解成专色通道。

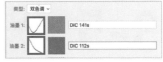

用"类型：双色调"设置两种专色油墨的状态。

在"双色调选项"对话框单击左边的缩览图，可打开"双色调曲线"对话框，从中可通过曲线调整油墨的输出方式。

为TIFF图像着色

相关内容｜可以为置入图像着色的 TIFF 格式，参照第 57 页

在 Illustrator 及 InDesign 中，置入图像的"颜色模式"如果是"**灰度**"或"**位图**"的 **TIFF 格式**，即可用色板更改颜色，因此即使图像本身不包含色彩信息，用这个方法仍可指定专色油墨[9]。对于 Illustrator，先用"选择工具"选择图像，再于"色板"面板选择专色色板即可；但对于 InDesign，用"选择工具"选择的是图形框架，所以可以先用"直接选择工具"或在内容栏中选择图像本身，再选择专色色板。

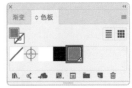

灰度的 TIFF 图像

专色色板的颜色，会反映在图像的黑色或灰色部分。

当付印文件包含专色信息时的注意事项

即使是能够处理专色印刷的印刷厂，也可能不接受包含专色色板或专色通道的付印文件，请务必仔细确认印刷厂的完稿须知。这种情况下，通常会分配为基础油墨 CMYK、用单色黑制作付印文件来处理。此外，在进行 RIP 处理时，有些印刷厂也会自动将专色色板分解成基础油墨 CMYK[10]。与第 88 页自动黑色叠印的情况相同。

★ 9. 请向印刷厂确认是否可以用这种方式付印。在某些情况下，设置的色板可能无效。

★ 10. 自动分解的这个动作，很可能会造成偏色，付印前请确认是否可以使用。

关键词

双色调

是颜色模式的一种，利用多个油墨表现灰度图像。搭配其他油墨补充仅靠黑色浓淡变化难以表现的色域，可替图像营造深度韵味。油墨最多可设置到 4 个颜色。在让置入图像包含专色信息时也可使用。

3-5 让专色油墨相互混合或与基础油墨CMYK混合

混合油墨可拓展颜色的表现。使用 Illustrator 和 InDesign 的功能，将混合好的油墨存储起来，可更有效率地应用到对象上。

混合油墨的优点与注意事项

即使印刷用油墨仅限于两种颜色，但是通过混合[1]，仍可表现出各种颜色。如粉色与淡蓝色，混合后也可表现出淡紫色。基础油墨CMYK 与荧光粉，是漫画封面和写真杂志封面常用的组合，通过混合荧光粉，可以使仅用基础油墨CMYK 容易显得黯沉的肤色变透亮，呈现鲜明的暖色。

当专色油墨的混合使用在透明对象相关处时，必须格外注意，因为如果通过拼合透明度将部分或全部对象栅格化，会产生出乎意料的结果[2]。

用粉色与淡蓝色混合，表现花蕊、茎、叶颜色的例子。

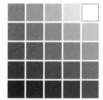

★ 1. 要理解油墨的混色，可试着使用基础油墨 CMYK 中的两个颜色来调和颜色。光是 C 油墨与 M 油墨的混色，即可表现这些颜色。

★ 2. 无论是混合油墨还是单独使用，专色色板与透明对象并用时必须格外注意。

使用InDesign的混合油墨色板

在 InDesign 中，可以利用专色油墨之间或专色油墨与基础油墨CMYK 的混合来创建新的油墨色板（**混合油墨色板**）。利用色板设置颜色，随时能够再现相同的混合油墨颜色，非常方便。"色板"面板菜单中的"新建混合油墨色板"命令，只有在面板中包含专色色板时可用。

关键词

混合油墨色板

混合油墨色板是 InDesign 的一种色板，可存储专色油墨之间或专色油墨与基础油墨CMYK 的混合油墨颜色，不过，只有"色板"面板中包含专色色板时才可以创建新的混合油墨颜色。

创建混合油墨色板

STEP1. 在"色板"面板执行"新建混合油墨色板"命令。

STEP2. 在"新建混合油墨色板"对话框中选择油墨，设置各自的"颜色值"，单击"确定"[★3]。

★ 3. 双击已创建的色板，可打开"色板选项"对话框重新编辑。

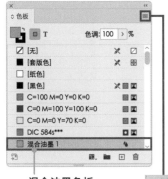

混合油墨色板

新建颜色色板...
新建色调色板...
新建渐变色板...
新建混合油墨色板...
新建混合油墨组... STEP1

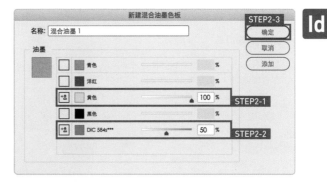

单击左边的方格，则设置为"100%"。
用滑块调整"颜色值"。

使用Illustrator的图形样式来管理混合色油墨

在这一点上，Illustrator 不如 InDesign 方便，因此需要费点时间。可利用"外观"面板存储调和好的混合油墨颜色。

★ 4. 将叠印设置为上面的"填色"，"填色"就会被添加到已选择的项目的上面，因此，如果按照步骤操作，新的"填色"将被添加到现有的"填色"之上。

用"外观"面板混合基础油墨 CMYK 与专色油墨

STEP1. 在"外观"面板将"填色"设置为基础油墨CMYK的颜色。

STEP2. 单击"添加新填色"图标，然后在添加的"颜色"中设置专色色板，再在"特性"面板勾选"叠印填充"[★4]。

STEP3. 用"颜色"面板调整"颜色值"。

添加新填色

这里指定为印刷色，如果指定为全局印刷色，可一并更改基础油墨 CMYK 的"颜色值"。

如果将上面的"填色"设置为叠印，即可混合油墨。即使上面是 CMYK、下面是专色也没关系。

"DIC584s""DIC584Bs"等专色相当于荧光粉。在用荧光粉增强鲜艳度时，可以用这个方法制成付印文件。

如果将混合油墨颜色新增为图形样式，可轻松将相同的混合油墨颜色应用到其他对象上。另外，在创建图形样式后也可重新编辑设置。不过，与全局印刷色色板不同的是，除非重新定义图形样式，否则修改结果不会反映在已应用的对象上[★5]。

将混合颜色创建为图形样式

STEP1. 选择对象[★6]，在"外观"面板设置混合油墨颜色。

STEP2. 在"图形样式"面板单击"新建图形样式"按钮。

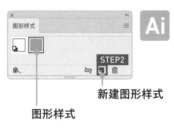

新建图形样式

图形样式

改变混色并重新定义图形样式

STEP1. 选择已应用图形样式的对象[★7]。

STEP2. 在"外观""色板""颜色"面板进行更改后，在"外观"面板的菜单执行"重新定义图形样式"命令。

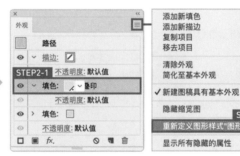

修改后，"外观"面板的标题栏的"图形样式"显示会消失。会反映更改的只有已选择的对象。这里是将上面的"填色"从"50%"改为"20%"。

选择已应用图形样式的对象，也会一并选择图形样式。

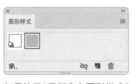

如果执行"重新定义图形样式"命令，会重新定义图形样式，也会反映在已应用的对象上。

★5. 用基本油墨CMYK表现的颜色，如果事先用全局印刷色色板管理，那么这个颜色即使不重新定义图形样式，也可实时更新。

★6. 在对象呈选择状态下修改图形样式，则此对象会实时应用已修改的图形样式。

★7. 也可以在"图形样式"面板选择图形样式。

另外，图形样式也可以存储"描边"的设置、"效果"菜单应用的变形、"混合模式"等信息。在将新创建的混合油墨颜色作为图形样式使用时，请注意不要设置色板的"颜色值"与叠印以外的信息。

★ 8. 可用其他油墨代替的颜色。"颜色模式：CMYK 颜色"是分解成基础油墨 CMYK；"RGB 颜色"则是分解成光的三原色 RGB。

用Photoshop混合专色油墨

相关内容 | 在通道上绘图，参照第 125 页

Photoshop 并没有将混合后的专色存储为色板的功能。Photoshop 的专色色板终究只是模拟色[8]。因此，如果要混合专色油墨，会变成直接操作**专色通道**的图像。通道图像可用"画笔工具"或"橡皮擦工具"绘制，在创建选区后，则可复制或粘贴其他通道的图像。关于通道操作的详细解说，请参照第 124 页。

这是用"前景色: DIC584s"绘制而成的。

Photoshop 的专色通道会被分解成基础油墨 CMYK。"DIC584s"会变成"C: 0% / M: 68% / Y: 0% / K: 0%"，因此在"画笔工具"等工具中使用这个色板，会在洋红通道以"68%"进行绘制。

从"色板"面板的菜单选择"旧版色板"，因为是单纯的模拟色，所以对通道没有影响。

关键词

图形样式

Illustrator 具有预设外观的功能，如对象的"填充""描边"和"效果"菜单中的变形等。在"图形样式"面板可新建或应用，如果要更改样式，则是在"外观"面板进行。

3-6 创建陷印

为了补救套印不准的状况，通常可以在颜色的边界处，创建称为"陷印"的重叠区域来补救。对于容易发生套印不准的印刷方式，如果事先进行这项处理，可让成果更臻完美。

什么是陷印

如果在颜色的边界事先制作重叠区域，即使套印不准，也不会露出纸张的白底，这项处理称为**"陷印"**，在使用两种颜色以上的纸箱或纸袋的印刷中极为常见[1]。大部分的情况，会使用明亮或是比较淡的油墨来制作重叠区域，例如，在黄色搭配绿色时就选黄色，红色搭配蓝色时就选红色。

★ 1. 制作套版精准度低的印刷品时经常使用陷印。

没有陷印

套印不准的例子

[C: 100%]
[M: 100%]

陷印

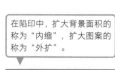

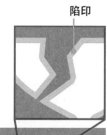

在陷印中，扩大背景面积的称为"内缩"，扩大图案的称为"外扩"。

有陷印（内缩）

套印不准的例子

创建陷印的印版

有陷印（外扩）

关键词

陷印

别名：补漏白，扩缩

为了补救套印不准的情况，预先在颜色边界创建油墨重叠区域，在印刷精准度低的时候尤其有效。一般的平版印刷大多不需要如此。

在 Illustrator 中，可使用"描边"或专用的菜单创建陷印。是否需要陷印及陷印的宽度取决于印刷厂及印刷品的种类。建议仔细阅读印厂的完稿须知，或者事先咨询清楚。

另外，并非每次都要创建陷印[*2]。彩色印刷（CMYK）即使稍微套印不准，也会通过共同的油墨来适当地补偿间隙，加上机器的对位精准度较高，所以几乎不需要陷印，否则反而会造成麻烦[*3]。

彩色印刷（CMYK）的付印文件（左）与套印不准的例子（右）。看起来几乎没有错位，因此通常不需要陷印。

用Illustrator创建陷印

最基本的做法，是利用**"描边"**创建陷印[*4]。用叠印的"描边"扩大面积，借此制作重叠区域。当颜色的边界是环形时，只需设置叠印的"描边"即可，如果是复杂的陷印，则会同时使用剪切蒙版。另外，还有通过**"效果"菜单**自动创建陷印的方法。

用"描边"创建陷印

STEP1. 将要陷印的对象复制到最前面，然后更改为"填色：无"。

STEP2. 使用与外扩面积对象相同的油墨设置"描边"的颜色，然后设置"对齐描边：使描边内侧对齐"。

STEP3. 在"特性"面板勾选"叠印描边"。

★ 2. 陷印是有效果的，尤其是在容易产生套印不准的孔版印刷或活版印刷进行多色印刷的情况下。在创建好之后，最好附上标注出陷印处的输出样本。

★ 3. 有时也须按照印刷厂自己的规则去制作彩色印刷付印文件，这种情况下也不需要陷印。

★ 4. 陷印的创建方法会随条件而有所改变。本书中的解说只不过是其中一例。

用上层对象的形状创建陷印。

> 在上层对象直接设置叠印"描边"，看似问题得到解决，但是如果不区分对象，叠印无法按照预期发生作用。

"描边"的"颜色值"设置成比背景或对象低。若是浅色，则与对象设置相同颜色也没关系。因为是内缩陷印，因此设置为"使描边内侧对齐"。

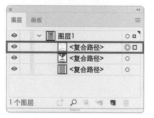

"描边"设置叠印，就变成陷印。

创建复杂形状的陷印

STEP1. 将要创建陷印的对象复制到最前面，然后更改为"填色：无"，设置叠印的"描边"。

STEP2. 把相邻对象复制到最前面之后，再同时选择STEP1复制的对象。

STEP3. 执行"对象—剪切蒙版—建立"命令，用剪切蒙版[*5]裁剪形状。

★ 5. 关于剪切蒙版请参照第 61 页。

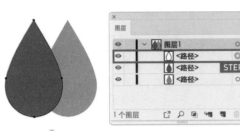

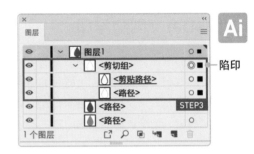

在利用重叠对象创建陷印时，要选择前面的对象（左）。在设置叠印的"描边"后，如果前面的对象要内缩则设置"对齐描边：使描边内侧对齐"，如果要外扩则设置"对齐描边：使描边外侧对齐"。最后再用剪切蒙版裁剪形状。

用"效果"菜单创建陷印

STEP1. 将陷印相关的对象编组[*6]，然后执行"效果—路径查找器—陷印"命令。

STEP2. 在"路径查找器选项"对话框的"陷印设置"中[*7]调整"粗细"及"色调减淡"，然后单击"确定"。

★ 6. 要利用此方法，必须先将相关对象编组。

★ 7. 如果勾选"反向陷印"，则会在另一侧创建陷印。

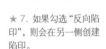

也可从"路径查找器"面板的菜单执行"陷印"命令来创建。在这种情况下，陷印会被创建成路径。

通过"效果"菜单创建的陷印是创建成外观属性，因此可通过"外观"面板重新编辑。此外，如果改变对象的颜色，陷印的颜色也会随之变化。

用Photoshop创建陷印

用 Photoshop 创建陷印[8]，是使用选区操作通道的图像。要编辑选区，使用**快速蒙版**模式很方便。可以将选区当作图像来编辑，还可以将黑色填充区域转换为非选区，将白色填充区域转换成选区。

利用快速蒙版模式创建陷印

STEP1. 执行"选择—在快速蒙版模式下编辑"命令，切换为快速蒙版模式[9]。在"通道"面板按住"Ctrl(Windows系统)/command(Mac OS系统)"键后单击青色通道创建选区，再执行"选择—反选"命令反选选区。

STEP2. 执行"选择—修改—扩展"命令，在"扩展选区"对话框的"扩展量"设置陷印的宽度，然后单击"确定"。

STEP3. 在选择快速蒙版通道后，执行"编辑—填充"命令，在"填充"对话框中设置"内容：黑色"后单击"确定"。

STEP4. 按住"Ctrl/command"键后单击洋红通道创建选区，再执行"选择—反选"命令反选选区。

STEP5. 在选择快速蒙版通道后，执行"编辑—填充"命令，在"填充"对话框中设置"内容：白色"后单击"确定"。

STEP6. 按住"Ctrl/command"键后单击快速蒙版通道创建选区后反选，再选择洋红通道，执行"编辑—填充"命令，并在"填充"对话框中设置"内容：50%灰色"[10]，然后单击"确定"。

★ 8. 陷印的效果，是由单独的油墨（通道）表现的颜色边界。当红色"M：100% / Y：100%"与黄色"Y：80%"等相邻颜色使用相同的油墨时，即使套印不准也不明显，因此没有必要创建陷印。

★ 9. 再次执行"选择—在快速蒙版模式下编辑"命令，即可恢复标准模式。如果恢复成标准模式，快速蒙版通道的图像就会被丢弃。

★ 10. 即使不是"50%灰色"也没关系。要调节陷印的深浅，可选择"内容：颜色"，再从中选择颜色。

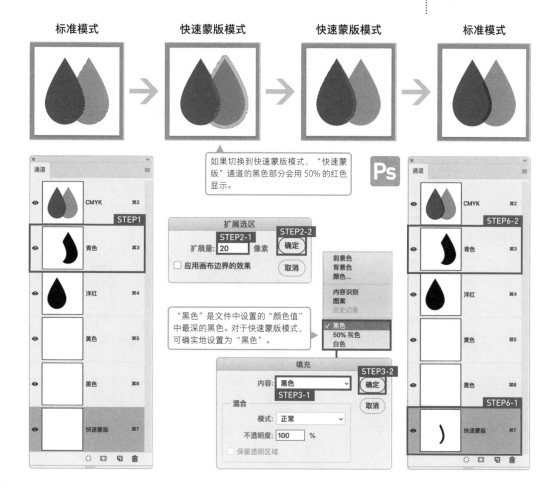

123

3-7 Photoshop的通道操作

在用 Photoshop 制作付印文件时，可以把通道看成实际印刷时使用的印版。查看通道面板，可判别印版的状态，如果能根据想法操作通道，即可控制油墨的范围。

关于Photoshop的通道

在用 Photoshop 制作付印文件时，必须理解通道[1]。通过"通道"面板，可以看到印刷使用的油墨与印版的状态。"通道 = 印版"，这么想也可以。通道包含**颜色信息通道**、**专色通道**、**Alpha 通道** 3 种类型，它们的性质也有所差异。

颜色信息通道是默认的通道。通道的图像，会直接成为印刷用的**印版**[2]。显示的通道，会根据文件的"颜色模式"而变化。"CMYK 颜色"除了青色 / 洋红 / 黄色 / 黑色 4 个通道外，在"通道"面板的最上层还会显示**复合颜色通道**。"灰度"会显示灰色通道，"位图"则只会显示位图通道。

★ 1. 专色印刷的付印文件中，也有分配特定的颜色信息通道，或是利用专色通道的情况，因此理解通道是极有好处的。

★ 2. 当"颜色模式"设置为印刷用途的"CMYK 颜色""灰度""位图""多通道"时的情况。

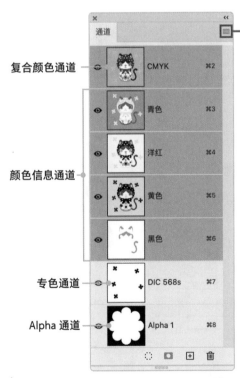

复合颜色通道 — CMYK ⌘2
颜色信息通道 — 青色 ⌘3 / 洋红 ⌘4 / 黄色 ⌘5 / 黑色 ⌘6
专色通道 — DIC 568s ⌘7
Alpha 通道 — Alpha 1 ⌘8

显示颜色信息通道与专色通道。

显示所有的通道。Alpha 通道的黑色部分，默认会用 50% 的红色显示。

只显示颜色信息通道。包含专色通道的图像如果以 JPEG 等格式存储，专色通道会被删除，变成这个状态。

专色通道是能够保存专色信息的通道，与颜色信息通道相同，会被当成一个印版来处理。当基础油墨 CMYK 与专色油墨重叠印刷时，会用此通道来制作专色用的印版。

Alpha 通道，除了能够存储选区，在置入 InDesign 文件中时，还可以作为剪贴蒙版[★3] 发挥作用。另外，这个通道不会被当成印版来处理。

专色通道与 Alpha 通道可存储的文件格式有限。如果选择无法保存的格式会被删除，存储时请务必注意。

文件格式	颜色信息通道	专色通道	Alpha通道
Photoshop格式	○	○	○
EPS格式	○	×	×
TIFF格式	○	○	○
JPEG格式	○	×	×
DCS2.0格式	○	○	×
PDF格式	○	○	○

※ ○表示可以保存， × 表示会删除。

在通道上绘画

相关内容│用 Photoshop 混合专色油墨，参照第119页

通道的图像可以在"通道"面板的**缩览图**[★4] 中确认。在"通道"面板中将部分通道切换为隐藏，即可让特定通道的图像显示在画布上。

在选择通道的状态下，用"画笔工具"或"橡皮擦工具"等工具在画布上拖动，即可在通道的图像上**直接绘画**。如果用黑色[★5] 或灰色[★6] 绘画，即可成为印刷时的上墨部分。白色部分不会上墨，会变成透明。通道的图像，除了创建选区与填充等操作，还可使用"色阶""反相"等**"图像—调整"菜单**。

★ 3. 将 Alpha 通道作为剪贴蒙版的使用方法，请参照第 60 页。

★ 4. 缩览图的大小，从"通道"面板的菜单执行"面板选项"命令即可更改。放大显示会看得比较清楚。

★ 5. 用"黑色"绘制的部分，会变成"颜色值：100%"。要选择"黑色"，可在"颜色"面板中将通道对应的油墨设置为"100%"。

★ 6. 当颜色值要调整为"50%"时，可在"颜色"面板将与通道对应的油墨设置为"50%"来绘制。另外，如果选择专色通道与 Alpha 通道，"颜色"面板会自动变为灰度显示。K 油墨的"色值"会直接变成专色油墨的"颜色值"。

未选择图层

非图层区域（单击此处可变成未选择图层的状态）

已选择图层

要在通道上绘画，必须要选择"背景"或图层。单击图层面板外的非图层区域，会变成未选择任何图层的状态（左），因此无法在通道上绘画。

Ps

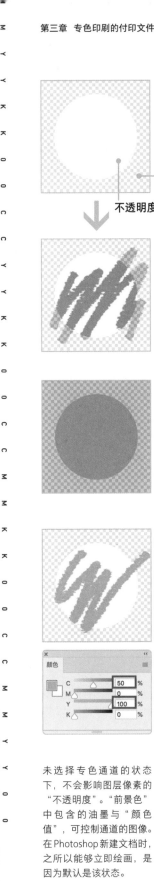

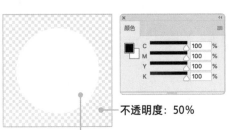

不透明度：50%

不透明度：100%

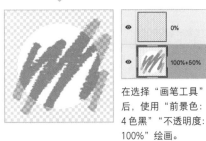

在选择"画笔工具"后，使用"前景色：4色黑""不透明度：100%"绘画。

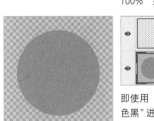

即使用"前景色：四色黑"进行填充，"不透明度：50%"的部分仍会维持透明度。

选择由"不透明度"为"100%"与"50%"的像素构成的图层。选择青色通道用"前景色：4色黑"绘画，只会画在青色通道上。这个结果会影响图层像素的"不透明度"。

当已选择专色通道时，如果选择的是新建的图层（所有像素都是"不透明度：0%"的透明图层），将会无法绘画。

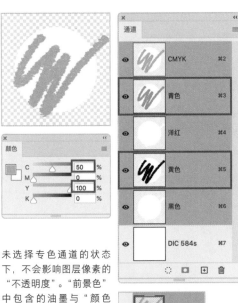

未选择专色通道的状态下，不会影响图层像素的"不透明度"。"前景色"中包含的油墨与"颜色值"，可控制通道的图像。在Photoshop新建文档时，之所以能够立即绘画，是因为默认是该状态。

如果选择专色通道，颜色面板会变成灰度显示。

已选择专色通道的状态下，不会影响图层像素的"不透明度"。不过，专色通道的图像，不会反映在图层或"背景"中。

126

将通道中的图像移动到其他通道

相关内容｜将图像的颜色分解成基础油墨 CMYK，参照第 99 页

★ 7. 也有把 M（洋红）印版置换成荧光粉的方法。因为荧光粉是专色油墨，所以用专色通道指定。

　　要在基础油墨 CMYK 中添加荧光粉，借此让图中人物的肤色更显清晰明亮时，一般是复制 M（洋红）通道，并为其添上荧光粉[★7]。在基础油墨 CMYK 的范围内，要复制或移动通道的图像，利用"通道混合器"调整图层非常方便，但因为"通道混合器"无法调整专色通道，因此可以直接复制通道。

将颜色信息通道的图像移动到其他颜色信息通道（例：从"青色"移动到"黑色"）

STEP1. 执行"图层—新建调整图层—通道混合器"命令。
STEP2. 在"属性"面板设置"输出通道：黑色"，更改为"青色：100%"。
STEP3. 在"属性"面板设置"输出通道：青色"，更改为"青色：0%"。

 →  →

在分配给基础油墨 CMYK 制作双色印刷用的付印文件时（第 98 页），试着将"RGB 颜色"的图像转换为"CMYK 颜色"，也会将想使用的部分分解，再设置于没有使用的通道上。此时，也可用这个方法移动通道的图像。

将颜色信息通道的图像移动到专色通道

STEP1. 在通道面板上将要复制的通道拖动到"创建新通道"按钮上加以复制*8。

STEP2. 双击刚才复制的通道打开"通道选项"对话框，更改为"色彩指示：专色"，然后在"颜色"区域指定专色油墨，再设置为"密度：0%"。

STEP3. 根据需要，可选择已创建的专色通道，执行"图像—调整—亮度/对比度"命令来调整图像。

★ 8. 也可在"通道"面板的菜单执行"复制通道"命令来复制通道。

复制洋红通道。　　　　把复制的通道变成专色通道。　　　　通过专色通道的图像亮度来调整专色的影响力。

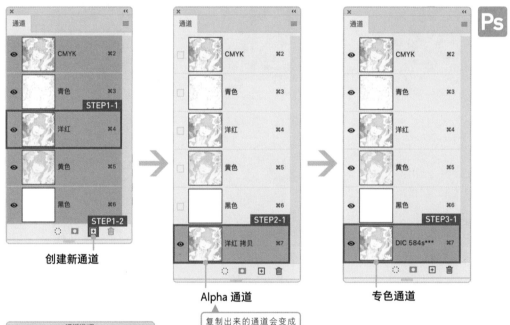

创建新通道

Alpha 通道

复制出来的通道会变成 Alpha 通道。

专色通道

单击"颜色"的缩览图打开"拾色器（颜色）"对话框，然后单击"颜色库"，从中选择专色油墨。

通道的图像，"被蒙版区域"是黑色部分，"缩选区域"是白色部分。

"密度"是用来设置油墨的透明度。"100%"会变成不透明的油墨。更改为专色通道时，通常设置为"0%"。

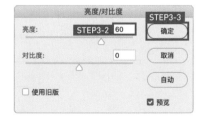

也可用"曲线"或"色阶"来调整。

128

在调整图层中去掉青色

"颜色模式：RGB 颜色"的人像图，如果转换为"CMYK 颜色"，会感觉肤色变得暗沉[9]，大多是因为肤色混入了 1% ~ 5% 的 C 油墨[10]，把这部分去掉即可解决。

调整图层"曲线"，减小至"C：2%"。

STEP1. 执行"图层—新建调整图层—曲线"命令。

STEP2. 在"属性"面板选择"青色"，然后将曲线左下角的点(■)往右水平拖动，更改为"输入：2""输出：0"。

★ 9. 想要绘制白皮肤的人物时可参考此处的设置。

★ 10. K 油墨也是造成肤色暗沉的原因。

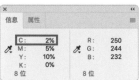

将光标移到脸颊上，然后查看"信息"面板，可知有混入"2%"C 油墨。

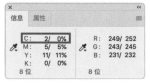

通过调整图层，将脸颊上的 C 油墨更改为"0%"。斜杠的左边是调整前，右边是调整后。

当拖动曲线的点时，会显示下方输入值的文本框。如果设置为"输入：2""输出：0"，则从"0%"到"2%"的部分都会变成"0%"，而比"2%"高的部分，如"5%"，则会维持原状。

"C：2%"左右，虽然只有相邻时勉强看得出差别，但如果大面积使用的话，影响就会很明显。

调整前　　调整后

C 颜色值	0%	1%	2%	3%	4%	5%	10%
M: 0% Y: 0%							
M: 7% Y: 7%							
M: 7% Y: 15%							
M: 10% Y: 15%							

可以通过调整图层"曲线"的图层蒙版来调整影响的范围。

3-8 关于颜色的更改

在制作付印文件时，如果用"颜色值"以外的方法更改颜色，会伴随着风险。"不透明度"及"混合模式"被视为透明效果，如果受到自动黑色叠印的影响会导致意想不到的结果。

"颜色值"与"不透明度"的差异

"颜色值"或"不透明度"都可以用来调整颜色。当用基础油墨CMYK 表现时，只能在"颜色"面板最多调整 4 个"颜色值"，如果只是使颜色变淡，调节"透明度"面板的"不透明度"可能会更加简单。将"不透明度"从"100%"更改为"50%"，虽然感觉颜色变淡了，但实际上改变的只是对象的"不透明度"，颜色本身并没有变化。

尽管如此，但如果背景是白色[1]，再怎么调整不透明度结果看起来都几乎相同。但是如果背景有其他颜色或对象时，结果就会改变。此外，因为使用了**透明效果**，所以导出或存储时就有可能被拼合。

在更改颜色的时候，即使麻烦也请利用**"颜色"面板的"颜色值"**，或是利用**"色板选项"**对话框来设置全局印刷色色板。如果要调整浓淡，就按住"Ctrl/command"键或 Shift 键往后拖动滑块，即可保持 CMYK 值按比例进行改变。另外，专色色板及全局印刷色色板，在"颜色"面板显示的油墨原本就只有一个颜色，因此通过"颜色值"调整浓淡并不

★ 1. Illustrator 及InDesign 的工作区域看起来是白色背景，但实际上是透明的，因此在将存储的文件置入排版软件时，背景就会透出来。为对象设置白色的"填色"后制作白色背景，或是用"背景：白色"栅格化让透明部分消失，建议不使用"不透明度"，而是使用"颜色值"进行更改。

原始图像

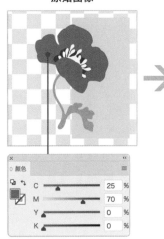

颜色值：50%

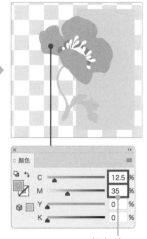

颜色值

不透明度：50%

如果更改为低于"不透明度：100%"的数值，就会透出背景。

麻烦。Illustrator 还可利用"编辑—编辑颜色"菜单中的**"重新着色图稿"** ★2 或**"调整饱和度"**等命令，在保持 CMYK 值比例的同时，统一调整多个对象的"颜色值"。

★ 2. 关于"重新着色图稿"，请参照第 107 页。

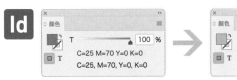
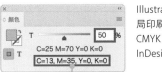

Illustrator 及 InDesign 的专色色板及全局印刷色板，可在"颜色"面板保持 CMYK 值比例的同时调整"颜色值"。InDesign 会显示调整后的"颜色值"。

调整后的"颜色值"

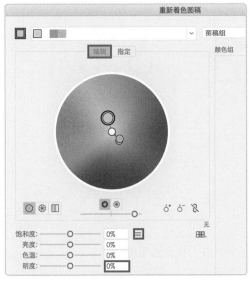

可用"饱和度"的"强度"调整"颜色值"。负值会减少"颜色值"，正值会增加"颜色值"。虽然名为"饱和度"，其实是调整"颜色值"。

在"重新着色图稿"与"饱和度"面板中，不需要更改"不透明度"，就可得到与利用"不透明度"更改颜色相同的效果。

单击"编辑"后，更改为"指定颜色调整滑块的模式：全局调整"。如果将"明度"设置为正值，可在保持 CMYK 值比例的同时调整"颜色值"。若设置为负值，会追加 K 油墨，接近黑色。

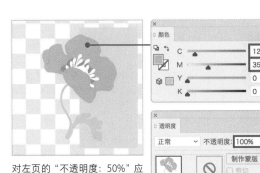

用"不透明度：50%"让颜色变淡的对象，如果执行"对象—拼合透明度"命令，可转换为"不透明度：100%"。"颜色值"大体上是根据"不透明度"的比例去换算的，但会出现些微的误差。"拼合透明度"命令是手动将透明度平面化菜单，请参照第 81 页。

对左页的"不透明度：50%"应用"拼合透明度"。

关键词

不透明度

是指对象透出背景的程度，单位为"%"。"100%"是不透明，0% 是透明，其他数值是半透明。Illustrator 是在"透明度"面板进行更改，InDesign 是在"效果"面板，Photoshop 则是在"图层"面板。

"颜色值：100%"与其他数值

相关内容｜专色印刷的用途，参照第 96 页

理解了"颜色值"就可以选出最合适的印刷方式。"颜色值：100%"会变成均匀的**色块**，其他非 100% 的数值一定会**网点化**。网点化会造成边缘模糊，小文字容易破损，导致可读性降低。此外，由于颜色变成了网点的集合体，因此浅色看起来会比较浑浊。刻意用专色油墨表现基础油墨 CMYK 可表现的颜色的优点，在于能够避免这个问题[3]。例如，粉红色虽然用基础油墨 CMYK 也可表现，但是印刷品如果只用到这个颜色，那么改用专色油墨"颜色值：100%"，印刷效果会更加鲜明。

★ 3. 专色油墨的数量一旦增加，成本会比使用基础油墨 CMYK 印刷要高。

 100%
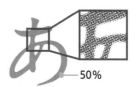 50%
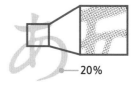 20%

※ 上图的网点是模拟图，仅供参考，并非实际的印刷品。

"混合模式"的使用

相关内容｜须格外注意透明对象的原因，参照第 74 页

相关内容｜关于 RIP 处理时的自动黑色叠印，参照第 88 页

要改变颜色，使用"混合模式"也很危险。不仅会成为**拼合透明度**的处理对象，此外，叠印的有无也可能会改变结果。即使自己没有设置，RIP 处理时如果应用**自动黑色叠印**[4]，"K：100%"的对象也会被设置叠印。"滤色"与"叠加"等混合模式的结果，会极大地受到叠印的影响。

★ 4. 如果将"K：100%"的对象设置为"混合模式：滤色"，颜色看起来会为白色，自动黑色叠印是根据使用的油墨与其"颜色值"来判别对象，因此会设置叠印。

文字的"混合模式"全部挖空　　**应用自动黑色叠印**

	文字的"混合模式"全部挖空	应用自动黑色叠印
正常	ABC	ABC
正片叠底	ABC	ABC
颜色加深	BC	BC
滤色	ABC	ABC
叠加	ABC	ABC
差值	ABC	ABC

文字用黑色"K：100%"、左半部分的背景用"C：70%"制成的样品。只有文字更改"混合模式"。

假设左列全部是挖空，右列是应用自动黑色叠印的状态，且只有文字设置叠印。从这个结果可以看出，用"滤色"制作反白文字很危险。

另外，如果在拼合透明度后再应用自动黑色叠印，则结果会与左列（全部挖空）的结果相似。

K：100%（文字）叠印

C：70%（背景色）

K：100%（文字）挖空

第四章

付印文件的存储和导出

4-1 各种付印方法

付印方法有多种选择，包括 PDF 付印、原始文档付印、纯图像付印及 RGB 付印，等等。建议大家掌握每种方式的优缺点，即可根据用途灵活运用。

付印方法的选择与PDF付印的优点

付印方法大致可区分为两种：以 **PDF 格式**[1] 付印和以软件各自的**本机格式**付印[2]。最适合的付印方法，会随作业环境与印刷厂的机器而改变。虽然 PDF 付印的优点很多，但也并非在任何情况下都能使用。如需要模切用路径（模切路径）的贴纸或卡片等，付印格式仅限于 Illustrator 格式，因为要将模切路径与设计分图层保存，因此无法用 PDF 付印。可以付印的格式，建议先确认印刷厂的完稿须知后再确定。从结论来看，目前如果能了解 PDF 付印与 Illustrator 付印，即可印制大部分的印刷品。

PDF 付印的优点在于其稳定性。在转换为 PDF 格式时会**嵌入字体与图像**，可防止忘记文字或轮廓化，以及乱码、置入图像的链接断开等常见的输出问题。同时，可在维持图像质量的情况下将文档大小**轻量化**，因此也适合网络付印。综合以上优点，虽然有少部分印刷厂为了后续修改方便而要求使用 InDesign 付印，但大部分还是推荐用 PDF 付印。

各有所长的印刷厂类型

虽然统称为"印刷厂"，但是采取的印刷方式、机器设备及纸张等介质的种类、擅长的印刷种类，也会随主要客户群体不同而有极大差异。处理商业刊物及企业商品包装等品类的**一般印刷厂**，擅长技术支持及大量高品质印刷；近年来，普及率惊人的**拼版印刷**[3]，优点在于价格低廉、付印轻松；有些印刷厂还提供**不须制版的小量数字印刷**服务，可支持 RGB 付印等，各自具备不同的优势[4]。

此外，还有专门处理商品类的印刷厂、专门从事孔版印刷及活版印刷等特殊印刷的印刷厂等，甚至也有将制作物与技术特殊化的印刷厂。建议根据目的及预算来选择。

★ 1. 本书中，是指用 Adobe 软件中导出的 PDF 文件。虽然其他的软件也可导出 PDF 文件，但是种类繁多，是否能够用作付印文件，会随印刷厂而改变。

★ 2. 本书中，以 PDF 格式的文档付印称为"PDF 付印"，以本机格式的文档付印则称为"固有文档付印"。

★ 3. 通过网络受理印刷订单，以拼版的方式印刷，并且用快递交货方式的印刷服务。

★ 4. 接受小量数字印刷订单的印刷厂，大多要求以"完整文档"付印。所谓的完整，是指在印刷厂能直接输出的付印文件。若没有完整文档，必须由使用者修改后再次付印，如此会造成延迟交货，可能无法在预定日期内交货。因此，在要交件给这类印刷厂时，必须评估自身有制作完整文档的能力。

印刷厂	擅长 · 优点	不擅长 · 缺点
一般的印刷厂	· 可大量印刷 · 品质稳定 · 几乎都是 B2B（Business－to-Business，企业对企业），因此可以得到技术人员的支持	· 必须有一定程度的预算 · 少量印刷单价会变高
一般拼版印刷	· 在网站可估算成本及交货日期 · 可少量印刷 · 通过网络可完成费用确认、下单、付印、结账等一系列的操作 · 无须预约即可付印	· 没有校色的服务（有的印刷厂提供此项服务，但须额外付费，且会延迟交货） · 文件检查仅限于印刷时最基本的必要项目，因此不会协助检查"分辨率"不足、摩尔纹、文本裁切、颜色暗沉等问题 · 因为是通过限制用纸尺寸来降低成本，因此非标准规格印刷品的单价会变高 · 可能无法使用专色 · 通常需要按照拼版印刷规范的付印指示 · 通常不接受 InDesign 文件、文字未轮廓化的 Illustrator 文件付印
小量数字印刷	· 可少量印刷 · 大多支持 RGB 付印（但建议使用 CMYK，因为RGB 转成 CMYK 后会有偏色的问题） · 有些印刷厂会提供早鸟优惠（提早付印折扣）、加印折扣等特殊优惠 · 专门印刷漫画的印刷厂会拥有黑白漫画印刷的经验和知识 · 尺寸改变时可协助处理（建议事先询问） · 可协助处理数字／手绘原稿（建议事先询问） · 可送货到活动会场或店面（建议事先询问）	· 没有校色的服务（有些印刷厂有提供此项服务，但需额外付费，且会延迟交货） · 通常不接受 InDesign 文件付印、文字未轮廓化的 Illustrator 文件付印

※ 上表总结的是大致的倾向，并不是所有的印刷厂都适用。

付印时的必要事项

付印时要准备的不只是付印文件，通常还需要准备输出样本与付印指示文件。

输出样本，用于让印刷厂确认付印文件的外观，通常会附上用PostScript 打印机把付印文件打印出来的纸质样张[5]。在通过网络付印时，可用 JPEG 格式的图像或屏幕截图来取代。此外，也必须考虑到试色的额外费用。另外，如果是 PDF 付印，因文件本身即具备输出样本的作用，因此不需要额外准备[6]。不过，当基础油墨 CMYK 要替换成专色油墨时，为了避免油墨的误用，建议添加输出样本[7]比较保险。

付印指示文件，是记载了成品尺寸、付印文件的文件名、使用的软件、交货地址等信息的文件。此文件通常由印刷厂提供，请自行索取填写。在使用网络付印时，在网络上填写付印手续时输入的数据，也兼具上述作用。

★ 5. 并非作业用文件，而是将实际的付印文件打印出来（编注：俗称"数码样"）。

★ 6. 网络付印的情况。

★ 7. 此时的输出样本制作方法请参照第103 页。

付印方法一览

下方表格总结了目前主要的付印文件格式及优缺点。有些印刷厂仅受理部分格式的付印文件，尤其是 InDesign 付印及文字未轮廓化的 Illustrator 付印[*8]。一般拼版印刷或是小量数字印刷大多不受理此格

★ 8. 因为必须与印刷厂的作业环境磨合，因此基本上是由工作人员从中协调的，如果不是 B2B 的印刷厂则难以落实。

付印方法	扩展名	软件	提交文件		优点	
PDF付印（X-1a）	.pdf	InDesign Illustrator Photoshop	只有排版文件		·整理成一个文件 ·文字不会乱码 ·链接不会缺失 ·文档可轻量化	·输出质量稳定
PDF付印（X-4）					·不依赖操作系统或软件进行检查 ·设置"PDF／X"可变成适合印刷的文档	·支持透明 ·可包含"RGB颜色"的对象
InDesign付印	.indd	InDesign	将排版文件、链接图像、链接文件、字体等所有数据打包成一个文件，请参考第162页		·印刷厂可修改	
文字已轮廓化的 Illustrator付印	.ai	Illustrator	链接	排版文件、链接图像、链接文件	·通用性高 ·文字不会乱码 ·印刷厂可调整置入图像的颜色 ·如果存储为"Illustrator 9"以后的版本，即可支持透明	
			嵌入	只会有排版文件	·通用性高 ·文字不会变成乱码 ·整理成一个文件 ·如果存储为"Illustrator 9"以后的版本，即可支持透明	
文字未轮廓化的 Illustrator付印			排版文件、链接图像、链接文件、字体		·印刷厂可修改 ·如果存储为"Illustrator 9"以后的版本，即可支持透明	
EPS付印	.eps	Illustrator Photoshop	根据使用的软件		·早期就广泛使用的付印格式，可付印的格式可能会因为机器设备而有所限制	
Photoshop付印	.psd	Photoshop InDesign Illustrator 优动漫 PAINT	只有图像		·即使在没有 InDesign 或 Illustrator 的环境下，只要有可导出为 Photoshop 格式的软件，也可制作付印文件 ·图像拼合后，显示就不会改变	
RGB付印	根据使用软件及文件格式				·即使是在"颜色模式：CMYK 颜色"中无法编辑的软件，也可制作付印文件 ·印刷厂如果有转换规范，可取得比自行转换更完美的成果	

式[9]。此时可随机应变，导出为其他文件格式付印，例如，原本用 InDesign 付印，可改成用 PDF 付印，或文字已轮廓化的 Illustrator 文件付印。

★9. 为了短时间印制大量的印刷品，很多情况下无法使用须依赖制作环境的付印形式。

缺点		裁切标记	文本的轮廓化	专色色板	叠印
·印刷厂不可修改 ·模切明信片、贴纸、扇子、箱子等需要模切用路径的印刷品的付印可能不可使用	·不支持透明 ·有些印刷厂不受理	根据印刷厂指示	不需要 （未嵌入的字体需要）	请务必向印刷厂确认	请务必向印刷厂确认
·文件数量会变多 ·可能出现乱码或版式错乱 ·有链接缺失的风险 ·可使用的字体仅限于印刷厂有的 ·可处理的印刷厂有限		不需要	不要 （如果是印刷厂没有的字体，则需要）	可使用	可使用
·文件数量会变多 ·有链接缺失的风险 ·根据版本的不同会有显示上的差异		必要	必要	可使用	可使用
·置入图像的颜色不可由印刷厂调整 ·根据版本的不同会有显示上的差异		必要		可使用	可使用
·根据版本的不同会有显示上的差异 ·可能出现乱码或版式错乱 ·有链接缺失的风险 ·可使用的字体仅限于印刷厂有的 ·可处理的印刷厂有限		必要	不需要 （如果是印刷厂没有的字体，则需要）	可使用	可使用
·不支持透明		视软件而定	必要	不可使用	可使用
·分辨率低的话，细节无法清晰表现		不需要	付印前必须将图像拼合或图层合并予以栅格化	请务必向印刷厂确认	操作通道可呈现相同的表现
·各家印刷厂的印制结果会有所不同 ·重印时颜色可能会改变 ·如果未嵌入颜色配置文件，可能会印出非预期的颜色 ·可处理的印刷厂有限		根据文件格式 （通常多为图像，此时不需要裁切标记，文本会随图像拼合而栅格化）		不可使用	不可使用

4-2　使用工作选项导出PDF

在用 PDF 付印时，如果有印刷厂的设置文件，使用它来导出是最简单、可靠的做法。只要选择它即可完成必要的设置，也可防止设定错误。

载入印刷厂的设置文件

在导出付印用的 PDF 文件时，如果能使用印刷厂的设置文件[*1]，既简单又可靠。**设置文件**的功能是将 InDesign 的 "导出 Adobe PDF" 对话框、Illustrator 的 "存储 Adobe PDF" 对话框的设定存储成默认值，事先载入后，导出时只要从预设中选择即可完成设定，不仅省事，也可防止设定错误。

★ 1. 印刷厂的网站大多会提供 PDF 设置文件（也称为 "预设"）。

Id

在 InDesign 载入设置文件案

STEP1. 执行 "文件—Adobe PDF预设—定义" 命令。

STEP2. 在 "Adobe PDF预设" 对话框中单击 "载入"，在 "载入PDF导出预设" 对话框中选择设置文件，然后单击 "打开"。

STEP3. 在 "Adobe PDF预设" 对话框中单击 "完成"。

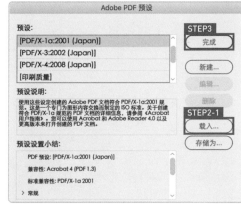

Adobe PDF 设置文件（预设）

这里示范的是在 InDesign 载入，也可在其他软件载入。Illustrator 及 Photoshop，若执行 "编辑—Adobe PDF 预设" 命令，也可打开内容相同的对话框。

设置文件载入后就不需要了，即使删除或更改存储位置也没关系。

关键词

设置文件
Joboption

别名：Adobe PDF 导出预设

可将导出 PDF 的设置存储成预设的文件，扩展名为 ".joboptions"。从印刷厂取得后载入，可让导出更顺利。虽然 Adobe 软件可以共用，但也有印刷厂会根据软件的不同而分别准备设置文件。

使用设置文件来导出PDF

在 PDF 导出的对话框中选择设置文件。在选定设置文件的当下，即可完成必要的设置。

在 InDesign 使用设置文件来导出 PDF 文件

STEP1. 执行"文件—导出"命令*2，选择"格式：Adobe PDF(打印)"后设置保存位置与文件名*3，然后单击"存储"。

STEP2. 在"导出Adobe PDF"对话框的"Adobe PDF预设"中选择设置文件，然后单击"导出"。

★ 2. 在导出书籍文件时，请从"书籍"面板的菜单执行"将'书籍'导出为PDF"命令。

★ 3. 文件名中建议包含品名、尺寸、起始页等信息，较容易辨识内容。由于付印文件上传时受限于服务器，文件名最好是半角数字约15字以下。另外，以下这类文字也不可用于文件名:\/~$:,';*?"<>|`[]=+.空格等字符。

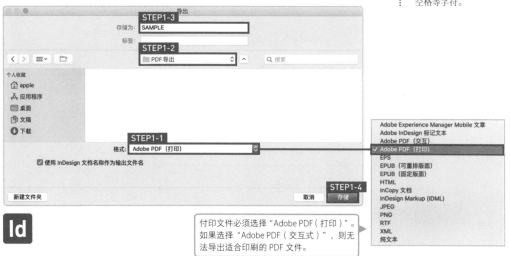

付印文件必须选择"Adobe PDF (打印)"。如果选择"Adobe PDF (交互式)"，则无法导出适合印刷的 PDF 文件。

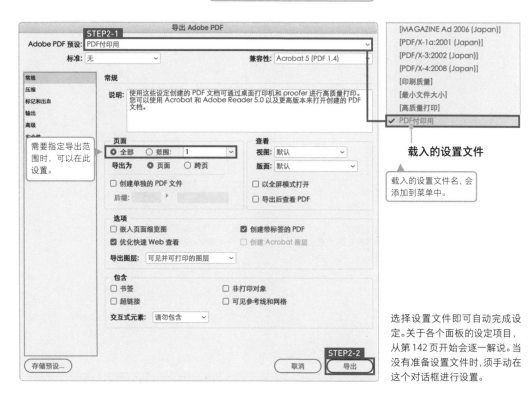

需要指定导出范围时，可以在此设置。

载入的设置文件

载入的设置文件名，会添加到菜单中。

选择设置文件即可自动完成设定。关于各个面板的设定项目，从第 142 页开始会逐一解说。当没有准备设置文件时，须手动在这个对话框进行设置。

在 Illustrator 中使用设置文件来存储 PDF 文件

STEP1. 执行"文件—存储副本"命令[*4]，选择"格式：Adobe PDF (pdf)"后设置存储位置与文件名，然后单击"存储"。

STEP2. 在"存储 Adobe PDF"对话框的"Adobe PDF预设"中选择设置文件，然后单击"存储PDF"钮。

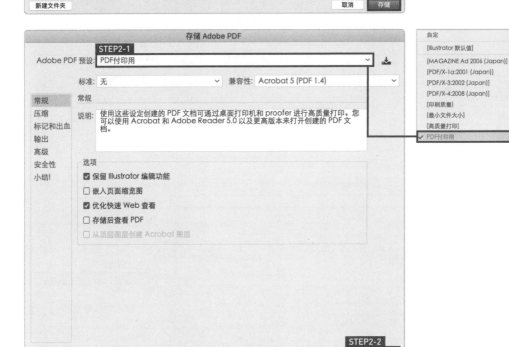

设置文件可以在 Adobe 软件中共享，例如，在 InDesign 中载入的设置文件，在 Illustrator 中也可使用。只不过根据印刷厂的不同，不同软件各自备有设置文件，请仔细确认对应的软件。

★ 4. 在 从 Illustrator 导出 PDF 时，建议执行"存储副本"命令。如果执行"存储为"命令，现在打开中的文件会变成存储后的 PDF 文件，将原始的 Illustrator 文件以最后存储的状态关闭。关于"存储为"与"存储副本"的区别，请参照第 142 页。

在 Photoshop 中使用设置文件来存储 PDF 文件

STEP1. 执行"图层—拼合图像"命令，将图像拼合。

STEP2. 执行"文件—存储为"命令★5，选择"格式：Photoshop PDF"后设置存储位置与"名称"，然后单击"存储"。

STEP3. 在"存储Adobe PDF"对话框的"Adobe PDF预设"中选择设置文件，然后单击"存储 PDF"。

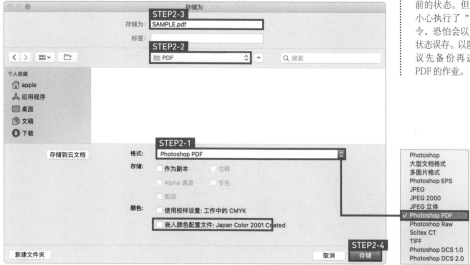

"颜色模式：CMYK 颜色"的付印文件，"嵌入颜色配置文件"的勾选与否会随印刷厂的指定而改变。

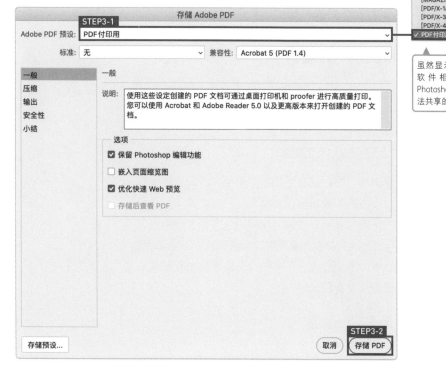

虽然显示了与其他 Adobe 软件相同的内容，但 Photoshop 也可能遇到无法共享的情况。

★ 5. 在 Photoshop 中导出 PDF 之前，建议先将图像拼合。如果将图像拼合，虽然无法修改内容，但是在执行"存储为"命令时，显示中的文件会被替换成被存储的文件，然后关闭原始文件，因此可保留存储前的状态。但是，若不小心执行了"存储"命令，恐怕会以合并后的状态误存。以防万一，建议先备份再进行存储 PDF 的作业。

4-3 在对话框手动设置后导出 PDF文件

当没有准备设置文件时，可手动设置 PDF 导出选项。如果印刷厂的完稿须知有具体的步骤，可以此为基础设置成预设，下次就可以方便地进行操作。

"导出Adobe PDF"对话框

Adobe 软件，导出 PDF 时的设置是在"导出 Adobe PDF"对话框[1] 中进行的。第138 页使用的设置文件，正是把此对话框的设置存储为预设。虽然各个软件的内容有些许差异，但是基本项目是共通的，理解了设置的意义便可应用。以下示例是以 InDesign 为主，再辅以记载 Illustrator 及 Photoshop 的信息作为补充。

在对话框的左侧可切换区域。

重要的区域，包括指定导出范围与进行整体设置的"常规"、决定置入图像的缩减像素采样及压缩类型的"压缩"、指定印刷标记的"标记和出血"、设置颜色配置文件的"输出"、字体嵌入及透明度相关设置的"高级"。

"存储为"与"存储副本"的差异

在 InDesign 中执行"文件—导出"命令[2]，格式选择"Adobe PDF（打印）"，即可显示**"导出 Adobe PDF"**对话框。可用**"导出"**命令存储 PDF 文件的仅限于 InDesign，Illustrator 是执行**"存储为"**或**"存储副本"**命令，Photoshop 则是执行**"存储为"**命令[3]。

"存储为"与"存储副本"的区别在于操作时画面显示的文件是否会替换为已存储的文件。会替换的是执行"存储为"命令。操作时显示的文件，会以最后存储的状态被关闭。在完成保存后，执行"存储为"命令大致上没有问题，但如果没有保存，操作时显示的文件就不会保存。如果执行"存储副本"命令，不会更改显示中的文件，而是将其复制一份后保存，因此可避免修改未保存的状况。

★ 1. Illustrator 和 Photoshop，会显示"存储 Adobe PDF"对话框。

★ 2. Illustrator 及 Photoshop 中的"导出"命令，主要用于位图图像的导出。

★ 3. 在 Photoshop 中执行"存储副本"，须在执行"存储为"命令后打开的对话框中勾选"作为副本"。

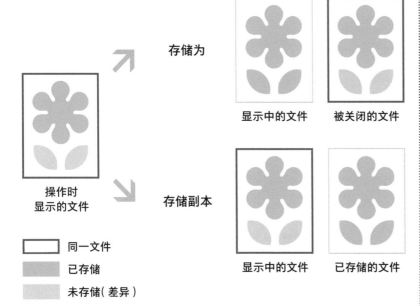

存储为

显示中的文件　　　　被关闭的文件

操作时
显示的文件

存储副本

显示中的文件　　　　已存储的文件

□ 同一文件

■ 已存储

■ 未存储（差异）

"存储为"命令，因为会替换显示中的文件，所以未保存的部分不会存储到原来的文件中。
"存储副本"命令不会替换显示中的文件，原来的文件与新存储的文件之间较难出现文件
内容差异（如果直接覆盖保存显示中的文件，会变成与已存储的文件相同的状态）。

★ 4. "X-1a" 会限制在
"CMYK 颜色""灰度"、
专色，从"X-3"开始也
可使用"RGB 颜色""Lab
颜色"。

★ 5. "X-3" 常用于日
本杂志广告的 PDF 文件
"J-PDF"。

★ 6. "X-4" 支持透明，
是因为其本身与基础的
PDF 版本都支持透明。
在"PDF/X-3:2003"规
格中，作为基础的是支
持透明的 PDF 版本 1.4，
但因为"X-3"不支持透
明，所以结果仍不支持
透明。

关于PDF的标准与版本

"导出 Adobe PDF"对话框的最佳设置随印刷厂不同而有所差异，
通常在完稿须知中会有具体的设置步骤，因此几乎不需要使用者自行决
定，但是如果能了解设置的意义，在导出 PDF 文件时，就可以预想到转
换后的结果。

在完稿须知中，首先从"Adobe PDF 预设"的默认值开始设置，且
多数会要求选择使用"PDF/X"的"[PDF/X-1a:2001(Japan)]"及"[PDF/
X-4:2008(Japan)]"。选择后，对话框中的项目也一并随之设定。

"标准" 中显示的"PDF/X-1a:2001""PDF/X-4:2010"等选项中的
"PDF/X"，是指 **印刷用途最常用的标准**。如果选择这些选项，会将使
用油墨限制在最适合印刷用途[4]、将字体及置入图像嵌入，避免发生乱
码或链接缺失等问题、指定导出范围与裁切位置等，是满足作为付印文
件基本条件的 PDF 文件。

在"PDF/X"中，还细分为"X-1a""X-4"等标准。目前，菜单可
选择的有"X-1a""X-3"[5]"X-4"这 3 种。**"X-4"** 是比较新的标准，
具有 **支持透明**[6] 这项优点，但有的印刷厂可能不支持此格式。

"**兼容性**"显示的是作为基础的 **PDF 版本**。"Acrobat 4 (PDF 1.3)""Acrobat 5 (PDF 1.4)"等显示中，括号内的部分是 PDF 的版本。注意此部分，即可判断是否**支持透明**。现在可选择的 PDF 版本，有 1.3、1.4、1.5、1.6、1.7 这 5 种，支持透明的是 **1.4 及更高**的版本。1.5 以后，还可保留图层。

PDF 的版本与规格有关，"标准"若选择"X-1a"或"X-3"，"兼容性"会自动设置为"Acrobat 4 (PDF 1.3)"★7，"X-4"则会自动设置为"Acrobat 5 (PDF 1.4)"或"Acrobat 7 (PDF 1.6)"★8。另外，如果选择"标准：无"，PDF 的版本选择不会受到限制，但由于是不符合"PDF/X"的 PDF 文件，因此不能保证适用于印刷。

版本	PDF 1.3	PDF 1.4	PDF 1.5	PDF 1.6	PDF 1.7
透明	×	○	○	○	○
图层	×	×	○	○	○
JPEG 2000	×	×	○	○	○

※ ○：会保留或是可使用；×：不会保留。

在"常规"区域设置导出页面

对话框默认显示的是"常规"区域。在 InDesign 中，主要是用来**指定导出范围**。在"**页面**"区的设置中，若要导出所有页面，选择"全部"，若要导出部分页面，则在"**范围**"处输入**页码**★9。像"2-3"这样使用"-"（连字符）可指定连续页面，像"2-3, 7-10"这样使用","（逗号）隔开，则可指定不同页面的多个范围。

付印文件必须全部用单页制作，因此请在"页面"部分确认选择的是"**页面**"。如果选择"跨页"★10，会以跨页为单位导出，印刷厂无法以跨页文件落版。

当用作付印文件时，"选项"部分与"包含"部分的选项不需要勾选。对于"导出图层"，默认的"可见并可打印图层"是最适当的设置，如果选择"所有图层"或"可见图层"，隐藏的图层或不打印的图层也会包含在付印文件中。

Illustrator 及 Photoshop 的"常规"区域，显示的是勾选项目。在用作付印文件时，基本上建议全部取消。如果勾选"**保留 Illustrator 编辑功能**"★11，保存时会嵌入 AI 文件，保留特定于 Illustrator 的数据，但因为付印文件不需要再编辑，因此取消勾选即可。不包含 AI 文件，好处是能够减小文件。"保留 Photoshop 编辑功能"也是一样的道理。

★ 7. 以"PDF/X-3:2003"为基础的是 PDF 1.4，但是 Adobe 软件中是显示 PDF 1.3。

★ 8. 使用了"X-4"的配置文件有"PDF/X-4:2008"与其修订版"PDF/X-4:2010"（ JCS5.5 以后）两种。各自作为基础的 PDF 版本都不同。

★ 9. 页码有两种，一种是从文件第一页开始连续编号的"绝对页码"，另一种是依章节编号的"章节页码"。"页面"面板的显示会受到首选项的影响，执行"编辑—首选项—常规"命令，在"页码"区设置"视图：绝对页码"会变成绝对页码，设置"章节页码"则变成章节页码。在首选项中设置"章节页码"时，导出的"范围"页码必须输入章节编号，如果加上"+"（加号），也可以指定绝对页码。

★ 10. "跨页"，有时也被标记为"对页"。

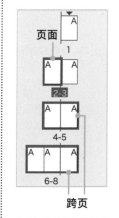

★ 11. 可设置的仅限于"标准：无"的情况。

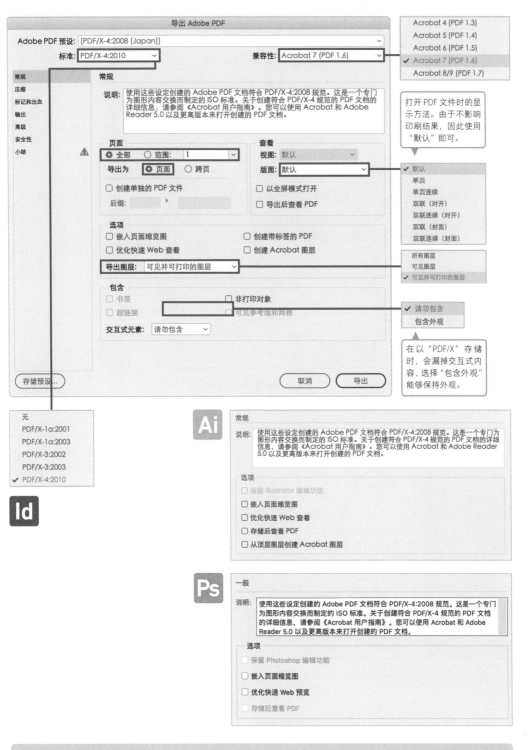

导出 Adobe PDF

Adobe PDF 预设: [PDF/X-4:2008 (Japan)]

标准: PDF/X-4:2010   兼容性: Acrobat 7 (PDF 1.6)

Acrobat 4 (PDF 1.3)
Acrobat 5 (PDF 1.4)
Acrobat 6 (PDF 1.5)
✓ Acrobat 7 (PDF 1.6)
Acrobat 8/9 (PDF 1.7)

常规
压缩
标记和出血
输出
高级
安全性
小结

常规

说明: 使用这些设定创建的 Adobe PDF 文档符合 PDF/X-4:2008 规范。这是一个专门为图形内容交换而制定的 ISO 标准。关于创建符合 PDF/X-4 规范的 PDF 文档的详细信息，请参阅《Acrobat 用户指南》。您可以使用 Acrobat 和 Adobe Reader 5.0 以及更高版本来打开创建的 PDF 文档。

打开 PDF 文件时的显示方法。由于不影响印刷结果，因此使用"默认"即可。

页面
◉ 全部　◯ 范围: 1
导出为: ◉ 页面　◯ 跨页
☐ 创建单独的 PDF 文件
后缀:

查看
视图: 默认
版面: 默认

✓ 默认
单页
单页连续
双联（对开）
双联连续（对开）
双联（封面）
双联连续（封面）

☐ 以全屏模式打开
☐ 导出后查看 PDF

选项
☐ 嵌入页面缩览图　　　　☐ 创建带标签的 PDF
☐ 优化快速 Web 查看　　☐ 创建 Acrobat 图层
导出图层: 可见并可打印的图层

所有图层
可见图层
✓ 可见并可打印的图层

包含
☐ 书签　　　　　　　　　☐ 非打印对象
☐ 超链接　　　　　　　　☐ 可见参考线和网格
交互式元素: 请勿包含

✓ 请勿包含
包含外观

在以"PDF/X"存储时，会漏掉交互式内容，选择"包含外观"能够保持外观。

存储预设...　　　　　　　　　　　　　　取消　　　导出

无
PDF/X-1a:2001
PDF/X-1a:2003
PDF/X-3:2002
PDF/X-3:2003
✓ PDF/X-4:2010

Id

Ai

常规

说明: 使用这些设定创建的 Adobe PDF 文档符合 PDF/X-4:2008 规范。这是一个专门为图形内容交换而制定的 ISO 标准。关于创建符合 PDF/X-4 规范的 PDF 文档的详细信息，请参阅《Acrobat 用户指南》。您可以使用 Acrobat 和 Adobe Reader 5.0 以及更高版本来打开创建的 PDF 文档。

选项
☐ 保留 Illustrator 编辑功能
☐ 嵌入页面缩览图
☐ 优化快速 Web 查看
☐ 存储后查看 PDF
☐ 从顶层图层创建 Acrobat 图层

Ps

一般

说明: 使用这些设定创建的 Adobe PDF 文档符合 PDF/X-4:2008 规范。这是一个专门为图形内容交换而制定的 ISO 标准。关于创建符合 PDF/X-4 规范的 PDF 文档的详细信息，请参阅《Acrobat 用户指南》。您可以使用 Acrobat 和 Adobe Reader 5.0 以及更高版本来打开创建的 PDF 文档。

选项
☐ 保留 Photoshop 编辑功能
☐ 嵌入页面缩览图
☐ 优化快速 Web 预览
☐ 存储后查看 PDF

关键词

PDF/X
Portable Document
Format eXchange

PDF/X 标准是由国际标准化组织（ISO）制定的，通过限制部分 PDF 功能使文件符合印刷用途的 PDF 规格。标准规格化为 ISO15930。"X-4"支持透明。

在"压缩"区域设置压缩方案

　　"压缩"区域，可用于进行置入图像的缩减像素采样，置入图像、文本、线条图的压缩等设置。"[PDF/X-4:2008(Japan)]"的默认设置是"双立方缩减像素采样""压缩：自动（JPEG）"，但因为付印文件追求高质量，因此印刷厂大多建议设置为**"不缩减像素采样"**[★12]和**"压缩：ZIP"**。

　　缩减像素采样，是通过减少像素数量使图像轻量化的处理。如果设置"不缩减像素采样"以外的选项，比"若图像分辨率高于"[★13]的设置还高的"分辨率"图像，会变成重新采样的对象。之所以建议"压缩：ZIP"，是因为**无损压缩**方式不会让图像质量变差[★14]。

双立方缩减像素采样法	参照周围的 4×4 像素（16 像素）计算采样值。名称取自计算时使用的三次函数（cubic equation）。可流畅地表现照片的色阶及渐变
平均缩减像素采样法	参照周围的 2×2 像素（4 像素）计算采样值。其处理速度会比双立方采样法快
次像素采样法	采样用最接近的像素信息内进行插值。优点是不会出现图像中没有的颜色，缺点则是分辨率低会丢失细节

※ 图像内插值方法的列表。第三个方法，在第 53 页的"图像大小"对话框的选项中有出现过。Photoshop 的"首选项"对话框"常规"区域的"图像插值"也有这些选项。

ZIP压缩	无损压缩方式。非常适合处理大片区域都是单一颜色填充的图像，以及使用重复图案的图像
JPEG压缩	有损压缩方式。可大幅缩小文件，但是图像质量会变差。即使设置为低压缩比例及最高图像质量，"颜色值"稍微改变就会出现原本没有的颜色，因此不适合印刷用途。压缩比例高会出现所谓的"摩尔纹"。JPEG 是"Joint Photographic Experts Group"的缩写
CCITT压缩	黑白图像的无损压缩方式。在单色传真机中经常使用，适用于黑白图像。除了黑白图像，也很适合用于深度为 1 位的扫描图像。包括多数传真机使用的"Group3"，以及通用型的"Group4"。CCITT 是"Consultative Committee on International Telegraphy and Telephony"的缩写
RLE压缩	黑白图像的无损压缩方式。常用于黑白传真。对具有大范围的黑色或白色填充部分的图像很有效果。RLE 是"Run Length Encoding"的缩写。也称为"游程压缩"或"行程长度压缩"
LZW压缩	无损压缩方式。最适合用于反复应用相同图案的文件。LZW，取自该文件格式开发者名字的首字母

※ 压缩方式的列表。LZW 压缩，在存储为 TIFF 格式时的"图像压缩"选项会出现。

　　如果勾选对话框下方的**"压缩文本和线状图"**，可几乎不降低细节和精度地压缩文本及线状图[★15]。InDesign 的**"将图像数据裁切到框架"**，是用来缩小文件的处理方式，如果勾选，只会导出图像框架内显示的部分。是否勾选会随印刷厂改变，无论设置成哪一种，都不会造成严重的问题。

★ 12. 当以图像形式置入二维码及条形码时，请设置"不要缩减像素采样"。如果对"颜色模式"为"CMYK 颜色"或"灰度"的图像进行缩减像素采样，白色与黑色的边界会有灰色的像素进行插值，使得图像变模糊，同时这也是产生摩尔纹的原因。如果是"位图"的图像，虽然设置缩减像素采样不会产生灰色的像素，但若是要求正确性的条形码，还是设置为"不要缩减像素采样"为宜。

★ 13. "若图像分辨率高于"会降低像素采样的门槛。建议设置为"分辨率"的 1.5 倍。

★ 14. 虽然也可用作付印文件，但是作为校正用的预览文件，文件太大会很难处理。此时请用适当的缩减像素采样导出。在导出付印文件时，别忘了确认设置选项。

★ 15. 线状图是由"填充"及"描边"组成的对象。具体是指路径。因为是 ZIP 压缩，所以图像质量不会变差。

Id

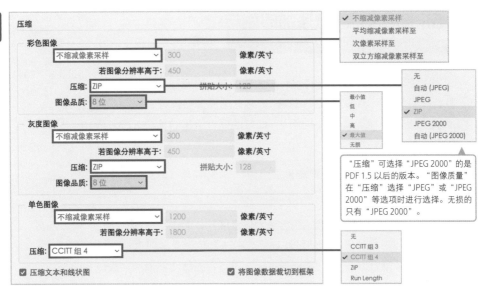

"压缩"可选择"JPEG 2000"的是 PDF 1.5 以后的版本。"图像质量" 在"压缩"选择"JPEG"或"JPEG 2000"等选项时进行选择。无损的 只有"JPEG 2000"。

Ai

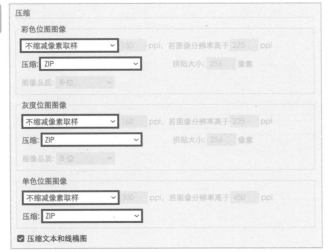

Ps

关键词

缩减像素采样

重新采样的一种，会减少图像的像素数量。"分辨率"会降低，可减小文件。在像素减 少时如果施加插值处理，图像可能会变模糊。

在"标记和出血"区域添加印刷标记

相关内容 | 在存储为 PDF 文件时添加裁切标记,参照第 34 页

　　"标记和出血"区域[★16],可设置标记的类型、出血的范围。"PDF/X"默认设置是没有添加任何标记。标记的有无及最佳设置会随印刷厂的不同而改变,请在完稿须知中确认。此对话框可添加的标记类型,请参照第 34 页的内容。

　　印刷用的付印文件,大多需要设置出血[★17]。可勾选**"使用文档出血设置"**[★18],或是在**"出血"**输入出血的范围。

　　在 InDesign 中,如果勾选**"包含辅助信息区"**,超过出血的部分也可以导出。要将出血外侧包含的折线标记或指示等重要对象包含在 PDF 内时,此选项非常有用[★19]。"辅助信息区"可以在新建文档时的"新建文档"对话框中设置,当文档创建后,执行"文件—文档设置"命令打开"文档设置"对话框也可设置。默认是"0 毫米",如果全部设置为"40 毫米",会将成品尺寸向外扩展 40 毫米的范围,成为"辅助信息区"。

★ 16. Photoshop 没有这个区域,因此无法添加印刷标记。

★ 17. 报纸广告及杂志广告,可不用出血。

★ 18. "使用文件出血设置",InDesign 与 Illustrator 指的都是"文档设置"对话框的"出血"设置。

★ 19. 在添加印刷标记后导出时,导出范围会扩展到印刷标记的部分,即使没有设置"辅助信息区",结果也会一起导出。

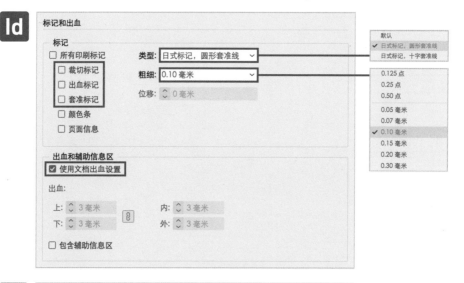

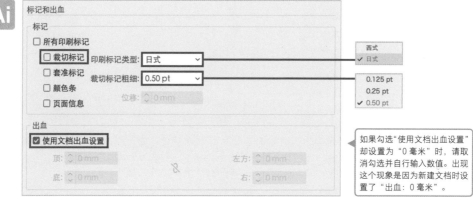

如果勾选"使用文档出血设置"却设置为"0 毫米"时,请取消勾选并自行输入数值。出现这个现象是因为新建文档时设置了"出血:0 毫米"。

在"输出"区域设置颜色空间

"输出"区域，可设置颜色转换的方针、使用的颜色配置文件。此区域的设置，通常要遵循印刷厂的指示。"颜色"部分的默认值取决于"标准"的设置。从"X-3"开始能够包含"RGB 颜色"的对象，因此默认值为"无颜色转换"。

标准	颜色转换	目标
X-1a:2001 X-1a:2003	转换为目标配置文件（保留颜色值）	文档 CMYK 工作中的 CMYK
X-3:2002 X-3:2003	无颜色转换	—
X-4:2010	无颜色转换	—

"PDF/X"部分的**"输出方法配置文件名称"**[20] 会成为"PDF/X"的标准，因此必须设置。通常选择与"目标"相同，或者选择"Japan Color 2001 Coated"等印刷行业标准的颜色配置文件[21]。

★ 20. 当"标准"设置为"PDF/X"相关选项时可进行的设置。"RGB 颜色"的对象，会以此颜色配置文件为基础转换为"CMYK 颜色"。

★ 21. 此设置会决定最终的印刷结果。付印文件设置为"Japan Color 2001 Coated"或以此为基础即可。"工作中的CMYK"是指"颜色设置"对话框的"工作空间"，"文档 CMYK"是指文档的颜色配置文件，一般的使用范围是设置为"Japan Color 2001 Coated"。

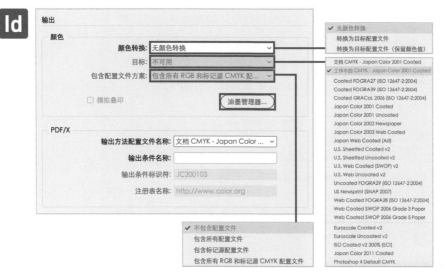

Ps

输出

颜色

颜色转换: 不转换

目标: 不可用

配置文件包含方案: 包含目标配置文件

PDF/X

输出方法配置文件名称: 不可用

输出条件:

输出条件标识符: JC200103

注册名称: http://www.color.org

★ 22. 转换是在 PDF 导出时才会进行的，因此即使勾选此项目，导出前的源文件的专色色板仍会保留。在处理单纯预览用、不含专色色板的 PDF 文件时很好用。

★ 23. 在"色板选项"对话框更改为"颜色模式：CMYK"后，再设置"颜色类型：印刷色"，即可更改为印刷色色板。

★ 24. 设置为"标准：无"，然后在"输出"部分选择"转换为目标配置文件"或"转换为目标配置文件（保留颜色值）"时可选择。

InDesign 如果单击"颜色"部分的"油墨管理器"，可打开**"油墨管理"对话框**，预览文件中使用的油墨列表。通过此对话框可以检查专色油墨的使用，或是将误用的专色油墨整合为原本的专色油墨。

如果勾选**"所有专色转换为印刷色"**，用专色色板指定的颜色会自动转换为基础油墨 CMYK[22]。不过，由于无法分别设定 CMYK 的"颜色值"，因此可能会出现非预期的颜色和分版结果。如果要处理错误混合的专色色板，建议不要使用此功能，而是在工作文件中将专色色板更改为印刷色色板[23]，然后手动调整"颜色值"。另外，如果因为颜色相似而误用，可先选择该专色油墨，然后在**"油墨别名"**中选择原本的专色油墨即可替换。

"颜色"部分的"模拟叠印"[24]，也是与专色色板转换相关的设置。如果勾选，并非进行与叠印相关的设置，而是将专色色板中指定的颜色转换为基础油墨 CMYK。印刷用途通常是不勾选。

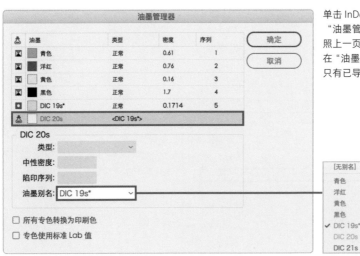

单击 InDesign"输出"区域"颜色"部分的"油墨管理器"即可打开这个对话框（请参照上一页的截图）。可以通过选择油墨，并在"油墨别名"中选择原始油墨进行替换。只有已导出的 PDF 文件才能替换油墨。

Id

在"高级"区域进行字体与透明度相关设置

相关内容｜拼合透明度可能引起的问题，参照第 76 页

"高级"区域[25]，可用来设置字体的嵌入[26]，以及拼合透明度的预设。"字体"部分的"**子集化字体，若被使用的字符百分比低于**"，通常保持默认的"**100%**"即可，不需要进行更改。

"**拼合透明度**"部分，只有在设置为不支持透明的 PDF 版本"兼容性：Acrobat 4 (PDF 1.3)"时可以设置。印刷用途要求高质量，因此设置为"**预设：[高分辨率]**"[27]。

在 InDesign 中，能够以跨页为单位来设置"透明度拼合预设"。如果勾选"忽略跨页优先选项"，会忽略跨页中设置的"透明度拼合预设"，使用"导出 Adobe PDF"对话框中的设置。为了让跨页也可应用设置，建议先勾选起来。

★ 25.Photoshop 没有"高级"区域。

★ 26. 也称为"内嵌"。

★ 27. 在 Illustrator 与 InDesign 中都是执行"编辑—透明度拼合预设"命令。在打开对话框后，可以编辑"透明度拼合预设"。Illustrator 也可在"拼合器预览"窗口中编辑。

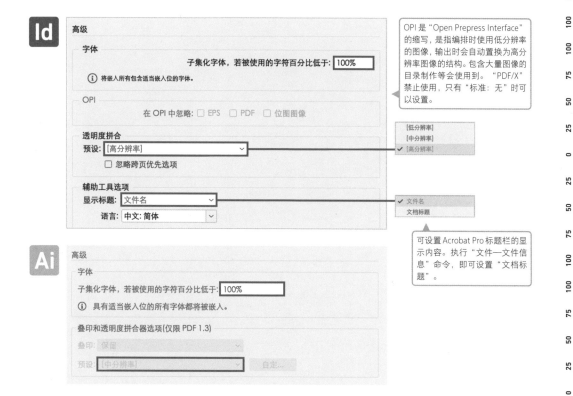

Id 高级

字体

子集化字体，若被使用的字符百分比低于：100%

① 将嵌入所有包含适当嵌入位的字体。

OPI

在 OPI 中忽略：☐ EPS　☐ PDF　☐ 位图图像

透明度拼合

预设：[高分辨率]

☐ 忽略跨页优先选项

辅助工具选项

显示标题：文件名

语言：中文：简体

OPI 是 "Open Prepress Interface" 的缩写，是指排时使用低分辨率的图像，输出时会自动替换为高分辨率图像的结构。包含大量图像的目录制作等会使用到。"PDF/X"禁止使用，只有"标准：无"时可以设置。

[低分辨率]
[中分辨率]
✓ [高分辨率]

✓ 文件名
文档标题

可设置 Acrobat Pro 标题栏的显示内容。执行"文件—文件信息"命令，即可设置"文档标题"。

Ai 高级

字体

子集化字体，若被使用的字符百分比低于：100%

① 具有适当嵌入位的所有字体都将被嵌入。

叠印和透明度拼合器选项(仅限 PDF 1.3)

叠印：保留

预设：[中分辨率]　　自定...

关键词

子集化字体

是从字体包含的所有文字中，抽出文件中使用到的文字收集而成的。将字体子集化，可以缩减文件大小、缩短输出时间。相较于 26 个英文字母、符号、数字相加只要 1 个字节的英文字型，仅 JIS 标准就有将近 9000 字，再加上 Unicode，就有超过 20 000 字的日文字体，如果不进行子集化会无法嵌入。与之相对的是"全套字体"。

在"安全性"区域不进行任何设置

　　"安全性"区域，完全不需要设置★28。如果设置，输出设备可能会无法正常处理。

★ 28."PDF/X"禁止加密等安全信息，因此"标准"选择"PDF/X"相关选项时会无法设置，选择"无"才可以设置，这点请注意。

Id

安全性

加密级别: 高（128 位 AES）- 与 Acrobat 7 及更高版本兼容

文档打开口令
☐ 打开文档所要求的口令
　　　　　文档打开口令：

权限
☐ 使用口令来限制文档的打印、编辑和其他任务
　　　　　许可口令：
ⓘ 需要输入口令才能在 PDF 编辑应用程序中打开文档。

　　　允许打印: 高分辨率
　　　允许更改: 除提取页面外

　　☑ 启用复制文本、图像和其他内容
　　☑ 为视力不佳者启用屏幕阅读器设备的文本辅助工具
　　☑ 启用纯文本元数据

Ai

安全性

加密级别: 高(128 位 RC4)- Acrobat 5 和更高版本

☐ 要求打开文档的口令

"文档打开"口令：

ⓘ 设置后，要求本口令方可打开文档。

☐ 使用口令来限制对安全性和权限设置的编辑

　许可口令：

ⓘ 要求本口令方可在 PDF 编辑应用程序中打开文档。

Acrobat 许可
允许打印: 高分辨率
允许更改: 除了提取页面
☑ 启用复制文本、图像和其它内容
☑ 为视力不佳者启用屏幕阅读器设备的文本辅助工具
☐ 启用纯文本元数据

Ps

安全性

加密级别: 高（128 位 RC4）- 与 Acrobat 5 和更高版本兼容

文档打开口令
☐ 要求打开文档的口令
　　　　　　　文档打开口令：

许可
☐ 使用口令来限制文档的打印、编辑和其它任务
　　　　　　　许可口令：
　　　　ⓘ 要求本口令方可在 PDF 编辑应用程序中打开文档。
　　　　允许打印: 无
　　　　允许更改: 无

　☐ 启用复制文本、图像和其它内容
　☐ 为视力不佳者启用屏幕读取器设备的文本辅助工具
　☐ 启用纯文本元数据

将设置存储为预设后导出PDF文件

导出 PDF 时的一连串设置可以存储为预设。如果印刷厂没有提供设置文件，却提供了对话框设置画面，可对比设置后存储为预设，之后即可省去设置步骤[29]。单击"存储预设"[30]，可在对话框中设置名称。当再次打开"导出 Adobe PDF"对话框时，即可通过"Adobe PDF 预设"选择已存储的预设。

如果单击对话框的"导出"，即可导出 PDF 文件。

★ 29. 已存储的预设，也会反映在其他 Adobe 软件的对话框中。

★ 30. Illustrator 和 Photoshop 中是单击"存储 PDF"。

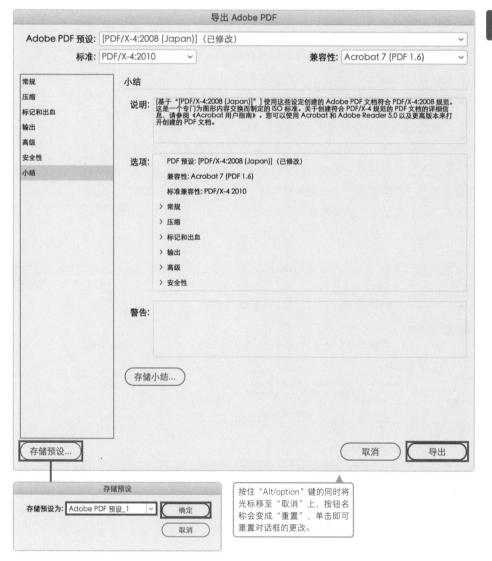

按住 "Alt/option" 键的同时将光标移至"取消"上，按钮名称会变成"重置"，单击即可重置对话框的更改。

153

4-4 用Acrobat Pro查看PDF文件

用 Acrobat Pro 打开导出的 PDF 文件，不仅能够浏览视觉外观，还可查看尺寸、嵌入字体、使用的油墨等规格及内部结构。除此之外，还可以使用预设进行印前检查。

用Acrobat Pro查看PDF文件

在 Acrobat Pro[1] 中打开作为付印文件导出的 PDF 文件可仔细检查其外观。PDF文件的视觉外观，不一定与导出前的InDesign 或 Illustrator 文件完全相同。转换过程或程序错误，都可能导致版面走样。重新导出也许可以修复，但如果彻底走样，可能需要修改原始文件才能修正。

Acrobat Pro 的首选项，默认是不使用叠印预览。请执行"编辑—首选项"命令打开"首选项"对话框，在"页面显示"区域更改为"**使用叠印预览：总是**"。除此之外，为了精确显示输出结果，**"渲染"**部分的**"平滑线状图""平滑图像""使用本地字体""增强细线""使用页面高速缓存"**项目也请全部**取消勾选**[2]。

★ 1. 只有 Acrobat Pro 可进行油墨总量与印前的检查。本书中解说使用的是 Acrobat Pro DC，也可能会有其他Acrobat无法使用的功能。

★ 2. 这些设置终究只是支持屏幕显示，因此如果是付印文件，可能也会妨碍检查。

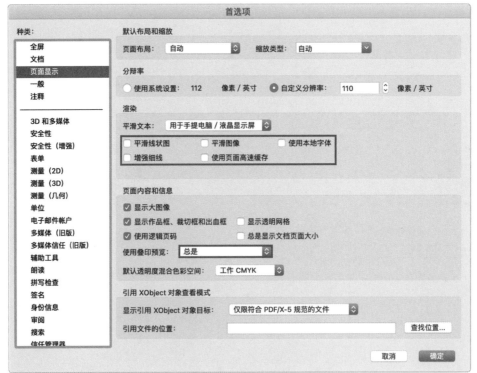

查看PDF文件的规格

Acrobat Pro 拥有查看 PDF 文件规格、印前检查的功能，也就是"文档属性"对话框与"印刷制作"菜单。在用 Acrobat Pro 打开 PDF 文件后，执行"文件—属性"命令可打开**"文档属性"对话框**。在这个对话框，可查看 PDF 文件的规格。

一开始显示的是"说明"区域，可查看"PDF 版本"与"页面大小"★³。"字体"区域，会显示使用的字体，可逐一确认字体是否"已嵌入子集"。

★ 3. 在此可确认的只有未添加印刷标记导出的 PDF 文件。有出血时，"页面大小"应该是成品尺寸再加上 6 毫米的数值（出血范围 = 3 毫米的情况）。

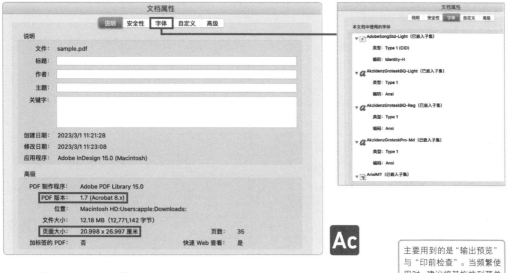

活用"印刷制作"工具

"印刷制作"工具菜单的位置不太容易访问。首先，单击"工具"选项卡显示所有的工具，其次单击其中的"保护和标准化"部分中的"印刷制作"工具的"添加"按钮，将其添加到右侧窗格的工具栏中，最后单击即可打开对应的菜单。

主要用到的是"输出预览"与"印前检查"。当频繁使用时，建议将其拖拽到菜单栏，使其变成按钮。

按一下打开或关闭菜单

新增的快捷方式

单击"印刷制作"工具下的"新增"，执行"添加快捷方式"命令，则可添加到右侧窗格，之后也可通过"视图—工具"命令来选择。

用"输出预览"查看油墨

相关内容｜检查油墨总量，参照第 92 页

　　"印刷制作"工具的"输出预览"对话框，可以像 InDesign 的"分色预览"面板一样用于确认印版的状态[★4]，还可以查看**油墨总量**，以及**"RGB 颜色"**对象的混入[★5] 等。除此之外，也可以查看图像及文本等属性。

★ 4. 在选择"显示：全部"的状态下，在"分色"部分的油墨名称旁的方块切换打开或关闭，则可以看到每个印版的状态。

★ 5. 如果选择"显示：RGB"，可以知道是否有使用"RGB 颜色"表现的对象及其所在位置。当未显示任何对象时（全白），表示不包含这种对象。

全部	显示所有对象。默认设置为此项目
DeviceCMYK	显示用"CMYK 颜色"表现的对象
非 DeviceCMYK	显示不是用"CMYK 颜色"表现的对象，可检测出用"RGB 颜色"、"灰度"、专色色板表现的对象
专色	显示用专色色板表现的对象
DeviceCMYK 和专色	显示用"CMYK 颜色"与专色色板表现的对象
不是 DeviceCMYK 或专色	显示不是用"CMYK 颜色"与专色色板表现的对象。可检测出用"RGB 颜色"与"灰度"表现的对象
RGB	显示用"RGB 颜色"表现的对象
灰度	显示用"灰度"表现的对象
图像	显示位图
纯色	显示在"填充"中设置了颜色的对象
文本	显示文本。不包含轮廓化的文本
线状图	显示用"填充"及"描边"组成的对象

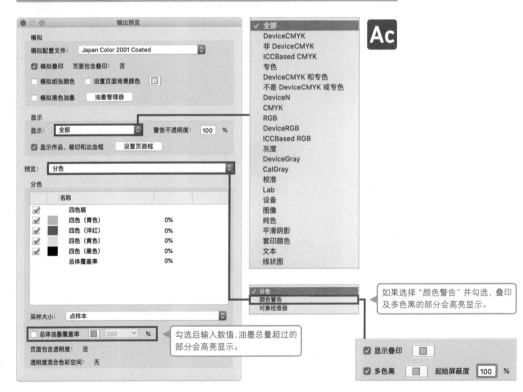

勾选后输入数值，油墨总量超过的部分会高亮显示。

如果选择"颜色警告"并勾选，叠印及多色黑的部分会高亮显示。

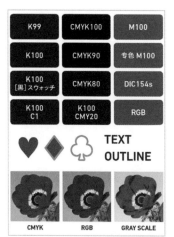

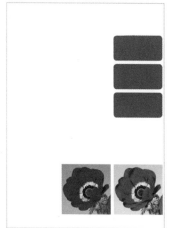

范例的 PDF 文件。范例内的文本是用来指示对象的"颜色值"与"颜色模式"的。"OUTLINE"是轮廓化的文本，其他文本则是嵌入的。

如果选择"显示：非 DeviceCMYK"，则会显示用专色表现的颜色，以及"RGB 颜色"和"灰度"的对象。"专色 M100"是将四色色板变更为"颜色类型：专色"的颜色。

如果选择"显示：文本"，则会显示嵌入的文本。轮廓化的文本会被视为线状图，因此不会显示。

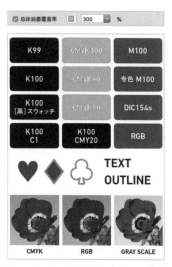

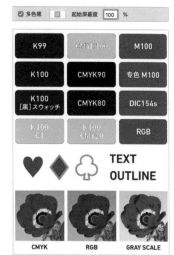

如果勾选"总体油墨覆盖率"，然后设置"300%"，油墨总量超过 300% 的部分会高亮显示（黄绿色）。如"CMYK80"是"C：80% / M：80% / Y：80% / K：80%" = 80%×4 = 320%，因为超过 300%，所以会高亮显示。关于油墨总量与相关问题，请参照第 90 页。

如果勾选"显示叠印"，设置为叠印的对象将会高亮显示（橙色）。范例是使用 InDesign 制作的，因此可看出设定了"黑色"色板的对象及文本将会自动设置叠印。

如果勾选"多色黑"，然后设置"起始屏蔽度：100%"，"100%"的 K 油墨中有加入其他油墨来表现的黑色部分会高亮显示（水蓝色）。如果设置为"80%"，用"80%"以上的 K 油墨与其他油墨表现的黑色部分会高亮显示。

　　如果更改为**"预览：颜色警告"**，然后勾选"显示叠印"与"多色黑"，设置叠印的对象、多色黑的对象会高亮显示。深色对象的叠印、不小心设置了多色黑的细小文字★6 等问题，单凭肉眼预览很难发现，此时便可活用此功能。

★ 6. 细小文字如果设置了多色黑，只要稍微套印不准就会影响阅读。

用“印前检查”分析PDF文件

“印刷制作”工具的**“印前检查”对话框**，可用于检查 PDF 文件的印刷适用性。“印前检查”对话框会显示默认的印前检查配置文件，可用来检查付印文件的是“PDF/X”的“验证是否符合 PDF/X-1a 规范”及“验证是否符合 PDF/X-4 规范”等★7。通过这些检查项目，可确认文件是否符合“PDF/X”标准。

★7. 可检查的仅针对“PDF/X”标准，“分辨率”、“颜色模式”、印版的数量、发丝线、字体的嵌入等不属于检查的对象。

用印前检查配置文件“验证是否符合 PDF/X-4 规范”来分析 PDF 文件

STEP1. 在“印前检查”对话框中展开“PDF/X”菜单，然后单击“验证是否符合PDF/X-4规范”，再单击“分析”。

STEP2. 在“结果”标签页确认分析结果。

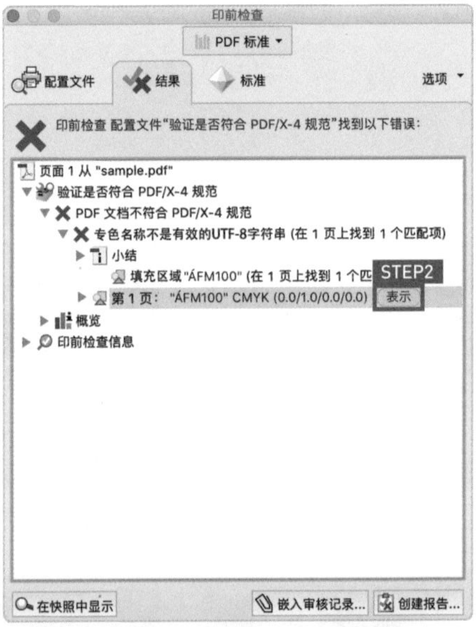

单击“显示”会把错误所在位置高亮显示（红色虚线）。本例是因为专色色板的名称，使用了 UTF-8 编码以外的字符串。

关键词

印前检查

别名：Preflight

检查文件是否适合印刷。检查的是付印文件导出前、导出后这两种状态。InDesign 在制作过程中，随时可以利用印前检查功能进行检查。

有时也可自行创建独特的印前检查配置文件（**自定义印前检查配置文件**）[8]，如混入特定的"颜色模式"对象时会出现错误，图像的"分辨率"过低时会跳出警告等印前检查配置文件。

★ 8. 复制现有的印前检查配置文件即可轻松创建。要重新编辑自定义印前检查配置文件，可在"印前检查"对话框单击"选项"后执行"编辑配置文件"命令，或是单击印前检查配置文件名称右侧的"编辑"。

创建自定义印前检查配置文件

STEP1. 在选择印前检查配置文件后，在"印前检查"对话框中单击"选项"，然后执行"复制配置文件"命令。

STEP2. 在"印前检查：编辑配置文件"对话框的左侧选择项目后，在右侧设置检查内容及"名称"，然后单击"确定"。

用印刷厂的印前检查配置文件分析PDF文件

如同 PDF 导出的设置文件一样，有的印刷厂也会提供印前检查配置文件[9]。导入后分析，即可执行最适合该印刷厂的检查。

★ 9. 印前检查配置文件的扩展名是".kfp"。

导入印前检查配置文件

STEP1. 在"印前检查"对话框单击"选项"，执行"导入配置文件"命令。

STEP2. 在"导入配置文件"对话框中选择印前检查配置文件（.kfp），然后单击"打开"。

4-5 用InDesign格式付印

用 InDesign 格式付印，除了 InDesign 文档和与其相关的文档之外，还需要提交字体等。使用打包功能可以批量收集所需的文件。

InDesign付印的准备工作

InDesign 付印[1]，除了进行编排作业的 **InDesign 文档**（排版文档），其中包含的**链接图像**、**链接文件**、**字体文件**也须一并交给印刷厂。InDesign 大多是用来处理多个页面的，关联图像和文件数量庞大，因此必须要有计划地操作，以及进行适当的管理与检查。

活用实时印前检查功能

InDesign 具备**实时印前检查**的功能[2]，可随时检查是否有缺失的链接或溢流文本[3]。让印前检查功能呈现随时作用的状态，一旦发现错误，窗口下方会显示红色圆点标识。单击右侧的"印前检查菜单"按钮（三角箭头）执行"印前检查面板"命令，可打开**"印前检查"面板**[4]查看发生错误的页面。错误一旦解决，就会恢复为绿色圆点（无错误）[5]。

★ 1. 有些印刷厂也可能不接受 InDesign 付印，请事先确认网站或完稿须知。

★ 2. 此功能默认为启用状态。

★ 3. 是指从框架溢出的文本。

★ 4. "印前检查"面板也可通过执行"窗口—输出—印前检查"命令打开。

★ 5. 窗口下方的"印前检查菜单"钮，也可新增或应用自定义印前检查描述档。

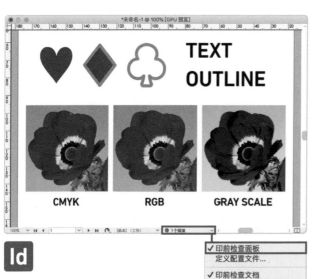

如果单击页码，可跳转到相应页面。

印前检查，是检查配置文件中设置的项目。默认是"[基本]（工作）"★6，可检查缺失的链接、需要更新的链接、溢流文本等必要项目。如果需要检查混入的"RGB颜色"对象、使用专色色板、"分辨率"等印刷用途的项目，可定义配置文件。

★6. "[基本]（工作）"
可检查以下项目：
· 链接缺失或已修改
· 无法访问的链接
· 溢流文本
· 字体缺失
· 无法解析的题注变量

用定义印前检查配置文件检查混入的"RGB颜色"对象

STEP1. 在"印前检查"面板菜单执行"定义配置文件"命令。

STEP2. 在"印前检查配置文件"对话框的左侧单击"+（新建印前检查配置文件）"，然后在右侧展开"颜色"后勾选"不允许使用色彩空间和模式"及"RGB"，接着设置"配置文件名称"后单击"确定"。

STEP3. 在"印前检查"面板的"配置文件"中创建自定义的配置文件。

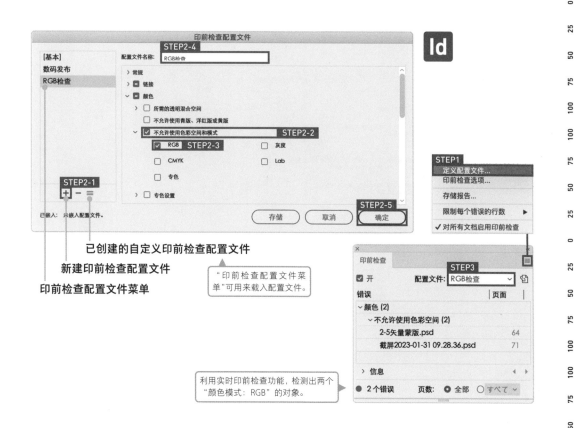

已创建的自定义印前检查配置文件
新建印前检查配置文件
印前检查配置文件菜单

"印前检查配置文件菜单"可用来载入配置文件。

利用实时印前检查功能，检测出两个"颜色模式：RGB"的对象。

已创建的自定义印前检查配置文件，执行"定义配置文件"命令打开"印前检查配置文件"对话框即可重新编辑。另外，也可载入印刷厂提供的印前检查配置文件★7来用。

★7. 印前检查配置文件的扩展名是".idpp"。

载入印前检查配置文件

STEP1. 在"印前检查"面板的菜单执行"定义配置文件"命令。

STEP2. 单击"印前检查配置文件"对话框的"印前检查配置文件菜单"，执行"加载配置文件"命令。

STEP3. 在对话框选择印前检查配置文件(.idpp)，然后单击"打开"。

用打包功能收集文件

在用 InDesign 格式付印时，除了 InDesign 文件外，也要附加链接图像与字体文件。使用 InDesign 的**打包功能**[8]，即可收集付印所需的文件。

在进行此操作之前，如果 InDesign 文件中有不需要的图层或对象，请先进行删除。

★ 8. Illustrator 及 Photoshop 也可以使用打包功能。因为只收集用到的文件，要制作保存用的归档时很方便。

用打包功能收集文件

STEP1. 执行"文件—打包"命令，在"打包"对话框确认没有错误后，单击"打包"。

STEP2. 在"打印说明"对话框中单击"继续"。

STEP3. 在"创建打包文件夹"对话框中设置存储位置及文件名，然后勾选"复制字体（从 Adobe Fonts 中激活的字体和非 Adobe CJK 字体除外）""复制链接图形""更新包中的图形链接"，然后单击"打包"。

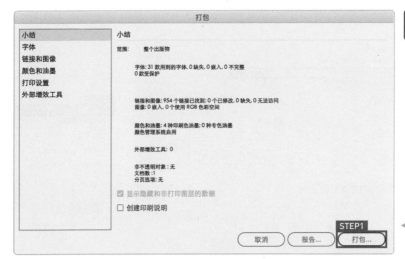

单击"报告"，可将这个对话框的内容存储为文本文件（.txt）。

不输入也没关系。

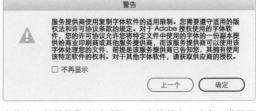

字体许可相关的警告对话框，可直接单击"确定"进行下一步。

关键词

打包

可收集排版文件及其链接图像、链接文件、英文字体、Adobe 中文字体。原本是 InDesign 特有的功能，现在 Illustrator 及 Photoshop 也具备此功能。

付印文件，至少要勾选这 3 个项目。如果取消勾选"更新包中的图形链接"，则链接（绝对路径）保持为原来的图像或文件。

还可以导出旧版，在 InDesign 开启时使用转换格式"IDML"文件和 PDF 文件。如果不需要也可取消勾选。选择"PDF 预设"的选项与"Adobe PDF 预设"相同。

单击"说明"可显示"打印说明"对话框。勾选"查看报告"，打包完成后会显示"说明 .txt"。

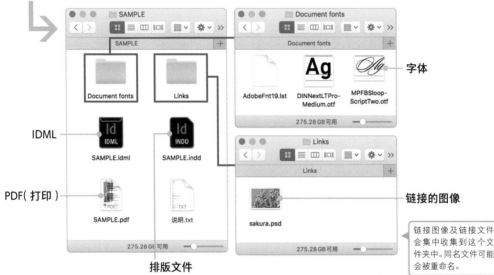

字体

IDML

PDF（打印）

排版文件

链接的图像

链接图像及链接文件会集中收集到这个文件夹中。同名文件可能会被重命名。

　　在打包完成后，会创建以"创建打包文件夹"对话框中设置的"名称"命名的文件夹，并将文件收集到其中，此文件夹即可当作付印文件交给印刷厂。另外，收集的文件全部都是**复制过**来的，因此即便源文件经过修改，打包文件也不会同步改变，这点须格外注意。此外，也要注意间接链接或 Typekit 这类不会被收集的链接图像及英文字体[9]。尤其是字体，制作前务必仔细确认可否使用[10]。

项目	会收集	不会收集
图像	链接图像 链接文件	间接链接（链接图像及链接文件内链接置入的图像及文件）
字体	英文字体 Adobe 中文字体	中文字体 / 版权字体 Adobe Typekit 桌面字体 / CJK 字体[11] 链接文件中使用的字体

★ 9. 关于字体的区别，请参照第 42 页。

★ 10. 打包时，链接文件的链接图像（间接链接）及链接文件中使用的字体不会被收集。付印时必须将所有文字轮廓化，间接链接的文件则要放入打包时创建的"Links"文件夹内，有些印刷厂会要求嵌入。

★ 11. CJK 字体，收录了中、日、韩文字的字体。"CJK"是取自中文、日文、韩文的英文首字母。

4-6 用Illustrator格式付印

Illustrator 付印，是通用性较高的付印格式。检查项目看似繁多，但制作阶段稍加注意，几乎可避免大部分的问题。

通用的Illustrator付印

Illustrator 付印，须提供 Illustrator 文件（排版文件）和与其相关的**链接图像**、**链接文件**[1]、**字体**文件给印刷厂。现在几乎所有的印刷厂都能受理，是通用的付印格式。

Illustrator 付印，也可以看作 InDesign 付印的 Illustrator 版。不过，关于字体的部分，由于目前大部分的印刷厂都会要求**轮廓化**[2]，因此与 InDesign 也不完全相同。

把链接图像改为**嵌入图像**，即可像 PDF 付印般以单一档案付印。不过，缺点是印刷厂无法调整个别图像的颜色。关于链接图像与嵌入图像，详细解说请参照第 70 页。

Illustrator付印的检查重点

在以 Illustrator 格式付印时，需要检查的地方很多，请参阅右页的检查表。确认使用的油墨及印版的状态是使用**"分色预览"面板**、置入图像是**"链接"面板**、检查整个文件则是使用**"文档信息"面板**。执行"对象—路径—清理"命令，在对话框中勾选"游离点"和"空文本路径"后单击"确定"可以**删除游离点**[3]。

关于油墨总量及叠印，也可暂时先复制并存储为 PDF 文件后，再用 Acrobat Pro 打开，使用其中的功能进行检查（请参照第 156 页）。

"游离点"是在"钢笔工具"或删除锚点时因操作失误而产生的；"空文本路径"则是由"文字工具"等操作失误而产生的。

★ 1. Illustrator 文件虽然也可置入 Illustrator 文件和 PDF 文件，但是包含这类置入文件的付印文件，有些印刷厂会无法使用。

★ 2. 一般拼版印刷或是小量数字印刷，几乎都会要求 Illustrator 付印时必须将文本轮廓化。如果主要是交给这类印刷厂印刷时，务必将 Illustrator 付 印 与 InDesign 付印当作完全不同的两种方式，并且分别记住各自的处理方法，这样才比较不容易出错或遭印刷厂拒收。

★ 3. 也可执行"选择—对象—游离点"命令，然后单击"Delete"键删除。使用此命令的优点是能够确认要删除的对象。

关键词

删除游离点

别名：多余的锚点、空文本路径

由单独锚点构成，不具备线段的路径。主要是在"钢笔工具"或"文字工具"单击一下后没有绘图或输入的情况下产生的。可能会造成输出问题，因此最好在付印前删除。

版本	・以制作软件的版本保存
	・以与制作软件版本不同的版本保存时，注意因向低版本兼容造成的外观扩展或渐变 "描边" 栅格化等改变
颜色模式	・选择 "CMYK 颜色模式"
油墨	・只产生使用中油墨的印版（在 "分色预览" 面板确认。请参照第 22 页）
	・油墨总量控制在印刷品的规定范围内（确认方法请参照第 22 页）
裁切标记与画板	・裁切标记是用正确的尺寸和位置制作的
	・裁切标记配置在最前面
	・裁切标记与画板的中心一致
	・画板只有一个
	・用 "效果" 菜单制作的裁剪标记已用 "扩展外观" 展开
	・裁切标记的 "描边" 颜色设定为 "套版色"
	・超过出血外侧的部分，用剪切蒙版遮挡起来
字体	・需要轮廓化或是印刷厂没有的字体，全部都已轮廓化（确认方法请参照第 51 页）
置入图像	・文件格式为 Photoshop 格式、Photoshop EPS 格式或 TIFF 格式
	・"颜色模式" 设置为 "CMYK 颜色" "灰度" 或 "位图"
	・"CMYK 颜色" 与 "灰度" 的 "分辨率" 建议设定为原尺寸 300 ppi 以上，"位图" 为 600 ppi 以上
	・链接图像没有缺失链接
	・链接图像已拼合或合并成一个图层
	・链接图像的文字图层、路径图层、图层效果都有轮廓化
	・链接图像不包含不需要的通道
	・链接图像不包含不需要的路径
	・链接图像和 Illustrator 文件放在同一层文件夹
	・链接图像不是间接链接（链接图像内的置入图像全部都已嵌入）
	・以一个排版文件付印时，置入图像全部都已嵌入
置入文件	・当置入文件是 Illustrator 格式时，已将包含其中的文本轮廓化
	・置入文件没有链接（链接文件内的置入图像及置入文件全部都已嵌入，不存在间接链接）
	・在不可置入 Illustrator 文件及 PDF 文件时，确认没有置入这些文件
叠印	・已设置为所需的叠印（已经用叠印预览确认）
	・白色对象没有设置叠印
	・浅色对象没有设置非预期的叠印
	・有可能自动黑色叠印时，则对未设置叠印的 "K：100%" 对象进行回避处理（如对 "K：99%" 或 CMYK 中的任意一项添加 "1%"。请参照第 88 页）
透明对象	・在 "文档栅格效果设置" 对话框，设置为 "分辨率：高 (300 ppi)"
	・专色色板与透明对象不重叠使用 ❶
	・渐变与透明对象不重叠使用 ❶
其他	・不存在删除游离点
	・不使用仅设置了 "填充" 的超细直线（线状图）
	・不包含不需要的图层或对象
	・"图层选项" 对话框有勾选 "打印"
	・"图层选项" 对话框没有勾选 "模版"
	・"图层选项" 对话框没有勾选 "变暗图像至"
	・复杂的图案及其缩放对象都已轮廓化 ❶
	・复杂的路径已轮廓化 ❶

❶ 也可能遇到例外情况，请确认印刷厂的完稿须知，或直接询问印刷厂。

※ 本页的检查表项目，仍可能与印刷厂的完稿指示不尽相同，或者有所不足。此时，请以印刷厂的指示为优先。

制作付印文件

付印用的Illustrator文件，要进行文字轮廓化[4]、扩展外观[5]、嵌入置入图像[6]等处理。作业用的文件通常不直接作为付印文件。一般会先复制作业用的文件[7]，再将其作为付印文件添加付印处理[8]。之后，如果需要修改内容，还可打开原来的文件进行处理。

链接图像　　排版文件

在制作阶段，就将排版文件（作业用文件）与其链接图像放在同一文件夹中，比较容易汇总付印文件。

★ 4. 不需要轮廓化的付印方式则不需要此步骤。

★ 5. 是否扩展外观，请根据印刷厂的指示。

★ 6. 当用链接图像付印时则不需要。图像要链接或是嵌入，请根据印刷厂的指示。

★ 7. 如果对付印用文件的存储设置了如指掌，将复制后的文件作为付印文件也没有问题，但是对于用旧版软件制成的文件，如果不确定当初的设置，最好用"存储副本"保存比较保险。

★ 8. 文字轮廓化等处理，请打开复制存储后的文件来进行。

在 Illustrator 中存储复制文件以供印刷

STEP1. 执行"文件—存储副本"命令。

STEP2. 在对话框中选择"格式 : Adobe Illustrator（*.ai）"，然后设置存储位置与文件名，再单击"存储"。

STEP3. 在"Illustrator选项"对话框选择"版本"，然后设置"选项"与"透明度"，再单击"确定"。

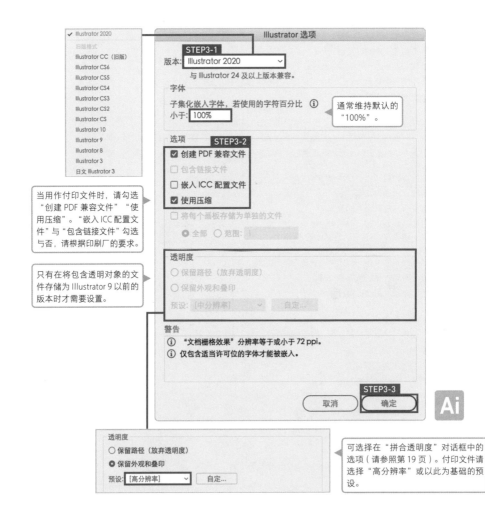

当用作付印文件时，请勾选"创建 PDF 兼容文件""使用压缩"。"嵌入 ICC 配置文件"与"包含链接文件"勾选与否，请根据印刷厂的要求。

只有在将包含透明对象的文件存储为 Illustrator 9 以前的版本时才需要设置。

可选择在"拼合透明度"对话框中的选项（请参照第 19 页）。付印文件请选择"高分辨率"或以此为基础的预设。

"Illustrator 选项"对话框中的设置项目，每一项都具有重要的意义。首先是"版本"，请选择作业版本或印刷厂指定的版本。因为 Adobe 软件的版本不能从外部判断，因此在为文件命名时，最好一并标示出软件版本。Bridge 的"文件属性"中显示的版本，只是"存储时使用的版本"，并不完全准确。CC 以后的版本一律显示为"Illustrator CC"，但内部会记录**作业版本**[9]。然而，当用 CC 版本的软件打开 CC 2014 或 CC 2017 的文件时，并不会跳出警告窗口[10]，由于使用旧版软件没有的功能制作的部分可能会走样，因此建议用存储时的版本打开。

"选项"部分有 4 个重要的检查项目。**"创建 PDF 兼容文件"**务必勾选。Illustrator 文件的内容无法在 Illustrator 以外的软件显示，创建 PDF 兼容文件可使其在其他软件中显示。有些印刷厂会使用 InDesign 或 Quark 等软件来进行落版，如果没有 PDF 兼容文件则无法作业。

取消勾选"创建 PDF 兼容文件"后存储的 Illustrator 文件的 Finder 缩览图（左），与置入 InDesign 后的状态（右）。两者都不会正常显示内容，而是显示"存储此 Adobe Illustrator 文件时未附带 PDF 内容"等一连串的文字。

若勾选**"包含链接文件"**，会将链接图像转换为嵌入图像[11]。为了避免链接缺失，有些印刷厂会建议勾选，如果没有特别指示，基本上这里不勾选，手动嵌入图像，比较不容易造成混乱。

若勾选**"嵌入 ICC 配置文件"**，会将颜色配置文件嵌入文件中。是否嵌入颜色配置文件，请遵从印刷厂的指示。在不清楚的情况下，国内用的付印文件基本上嵌入与否都没关系。不过，RGB 付印时务必嵌入颜色配置文件。

"使用压缩"保持勾选状态。这里使用的是无损压缩方式，因此压缩后图像质量不会变差。如果保存时取消勾选此项目，不仅文件会变大，文件的效率性能还会降低。

★ 9. 在 CS 版本以后，Illustrator 的版本就有了表面版号与内部版号的区别。"Illustrator 17"就相当于"CC"。

表面	内部
CS	Illustrator 11
⋮	⋮
CS6	Illustrator 16
CC	Illustrator 17
CC 2014	Illustrator 18
CC 2015	Illustrator 19
CC 2015.3	Illustrator 20
CC 2017	Illustrator 21
CC 2018	Illustrator 22

★ 10. 用 CC 打开 CC 2014 以后的文件，版面格式会有变化。

★ 11. 链接图像转换为嵌入图像，会在关闭档案时才生效。作业途中即使勾选"包含链接文件"后保存，在关闭档案前也都会被当成链接图像。

关于Illustrator的打包功能

从 CS6 的云端版开始，Illustrator 也可使用打包功能。与 InDesign 一样，可集中收集排版文件、链接图像、链接文件、字体文件等付印必需的文件。

★ 12. 如果有未存储的部分，则无法使用打包功能。

用打包功能收集文件

STEP1. 在存储文件*12后，执行"文件一打包"命令。

STEP2. 在"打包"对话框中指定"位置"与"文件夹名称"，然后单击"打包"。

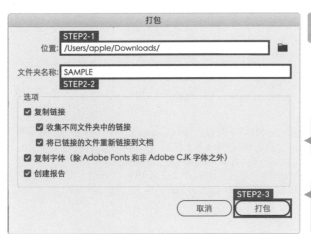

如果取消勾选"收集不同文件夹中的链接"，会将排版文件与链接图像收集到同一层。

如果勾选"创建报告"，会输出与 InDesign 的"打包"对话框内容（"颜色模式"、字体、链接图像的详细信息等内容。请参照第 162 页）相同的文本文件。

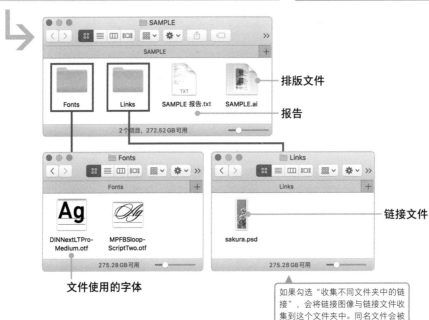

排版文件

报告

链接文件

文件使用的字体

如果勾选"收集不同文件夹中的链接"，会将链接图像与链接文件收集到这个文件夹中。同名文件会被重命名。只有这个"Links"文件夹，即使被移动到计算机以外的地方，链接也不会缺失。

4-7 　用Photoshop格式付印

如果使用 Photoshop 付印，只需要位图就够了。能够导出 Photoshop 格式的软件有很多，即使没有安装专业的绘图软件，也可制作付印文件。

可以将位图作为付印文件的Photoshop付印

Photoshop 付印，是将带有**出血尺寸**的 Photoshop 文件（位图）[1]作为付印文件。不需要创建裁切标记，只要有能够导出 Photoshop 格式的软件，即可制作付印文件。

Photoshop付印的检查重点

关于 Photoshop 付印，没有太多需要检查的项目。只要在新建文档时设置正确的"尺寸"及"分辨率"，之后仅确认"路径"面板[2]与**"通道"面板**[3]即可。对于容易引起输出问题的文本图层、图层效果、链接图像等，利用**拼合图像**功能即可栅格化。不过，烫金或多色印刷这类需要保留图层的付印文件，则必须把每个图层分别栅格化。

尺寸	· 成品尺寸的上下左右，均等地添加出血范围
颜色模式	· 设置为"CMYK 颜色""灰度"或"位图"（RGB 付印除外）
分辨率	· "CMYK 颜色""灰度"的分辨率设置为原尺寸 300 ppi 以上，"位图"设置为 600 ppi 以上
图层	· 拼合为"背景" · 烫金或多色印刷的付印文件，当每个印版分图层时，各个图层分别合并成一张 · 文字图层已栅格化（拼合时不需要检查） · 图层效果已栅格化（拼合时不需要检查） · 路径图层已栅格化（拼合时不需要检查）
路径	· "路径"面板没有保留不需要的路径
通道	· "通道"面板没有创建不需要的通道

※ 本页的检查表项目，仍可能与印刷厂的完稿指示不尽相同，或者有所不足。此时，请以印刷厂的指示优先。

★ 1. 如果上下左右的出血范围相等，只用位图也可付印。有代表性的格式是 Photoshop 付印，但也有接受其他文件格式的印刷厂。接受 RGB 付印的印刷厂，大多会假设优动漫 PAINT、SAI、Word 等软件的用户是顾客群，因此可接受的付印文件格式通常放得比较宽。

★ 2. 付印文件的"必要的路径"，包括用来替贴纸等印刷品指定切割位置的刀版线（请参照第 188 页）。

★ 3. "不需要的通道"是指没用到的 Alpha 通道，以及未使用的专色通道。

将付印文件存储为Photoshop格式

相关内容│稳定的置入图像格式：Photoshop 格式，参照第 55 页

　　图像一旦经过拼合或栅格化，便无法恢复原来的状态。不要将工作用文件直接作为付印文件，要先制作复制文件★4，再对其进行付印前的处理，如此一来，后面需要修改时还有原始文档可供应变使用。

用 Photoshop 中存储复制文件为付印用文件

STEP1. 执行"文件—存储为"命令。

STEP2. 在对话框选择"格式：Photoshop"，然后设置存储位置与文件名，接着勾选"作为副本"，最后再单击"存储"。

STEP3. 打开复制存储的文件，将图像拼合。

★ 4. 如果对作业用文件存储时的设置了如指掌，把复制后的文件当作付印文件也没有问题，但是在对设置不太了解的情况下，最好用其他名字重新存储文件比较保险。

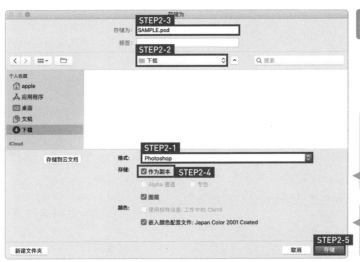

在使用"专色"面板创建专色通道时，请勾选"专色"。如果未勾选，会丢弃专色通道，因此要在勾选的状态下存储。如果是误用的专色通道，并且该部分可以分解成 CMYK 通道，则不需要勾选。

当"颜色模式"为"CMYK 颜色"或"灰度"时，"颜色配置文件"的勾选与否，请遵循印刷厂的指示。RGB付印则务必勾选。

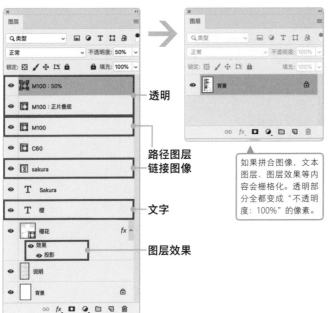

透明

路径图层
链接图像

文字

图层效果

如果拼合图像，文本图层、图层效果等内容会栅格化。透明部分全都变成"不透明度：100%"的像素。

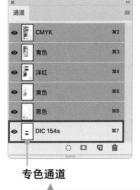

专色通道

勾选"专色"后存储，可保留专色通道。

把Illustrator付印文件
转换为Photoshop付印文件

相关内容|预先拼合，参照第 81 页

　　如果用 Illustrator 制作的付印文件使用了复杂的透明效果，希望通过栅格化获得较稳定的结果，也可转换为 Photoshop 付印[5]。导出范围变成以画板为基础，因此，对于画板的尺寸、位置、出血是否已按照预期设置，在导出前请务必仔细确认[6]。

在 Illustrator 中导出付印用的 Photoshop 文件[7]

STEP1. 执行"文件—导出—导出为"命令[8]。

STEP2. 设置"格式：Photoshop(psd)"，然后设置存储位置及文件名，勾选"使用画板"，最后再单击"导出"。

STEP3. 在"Photoshop 导出选项"对话框中设置"颜色模式：CMYK""分辨率：其他 350 ppi""平面化图像""消除锯齿：优化图稿(超像素取样)"，然后单击"确定"。

★ 5. 如果把 Illustrator 文件导出为 Photoshop 格式，专色色板会被分解成基础油墨 CMYK。当要保留专色色板时，不可以使用这个方法。

★ 6. 打开导出后的文件,确认外观等设置。可能会遇到图样中出现白线这类栅格化后产生的新问题（解决方法请参照第 77 页）。

★ 7. 也可用 Photoshop 打开 Illustrator 付印文件然后存储。如果成品尺寸太大而无法使用 Illustrator 导出，则可用这个方法转换为 Photoshop 文件。

★ 8. CC 2015 以前是执行"文件—导出"命令。

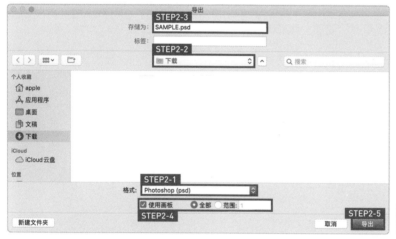

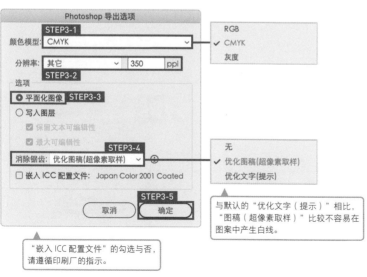

"嵌入 ICC 配置文件"的勾选与否，请遵循印刷厂的指示。

与默认的"优化文字（提示）"相比，"图稿（超像素取样）"比较不容易在图案中产生白线。

4-8 RGB付印

在使用 RGB 付印时，必须在付印文件内嵌入颜色配置文件。如果没有颜色配置文件，印刷厂将无从得知制作者想要的颜色。

RGB付印的优点与注意事项

相关内容｜Adobe RGB 与 sRGB，参照第 10 页

有些印刷厂接受"颜色模式：RGB 颜色"的付印文件，且不会将其转换为"CMYK 颜色"，这个方法就是所谓的"**RGB 付印**"。也因此，即使 SAI 或优动漫 PAINT 这类无法用"颜色模式：CMYK 颜色"编辑的软件，也可制作付印文件。另外，有些印刷厂也备有专属的转换样本，与其自己转换，不如交给印刷厂处理，比较能够得到接近显示器显色的结果。

对于 RGB 付印的文件，**一定要嵌入**工作环境的**颜色配置文件**。颜色配置文件是用来指定颜色的外观[1]的，如果不嵌入，印刷厂打开时会不知道工作环境的颜色配置文件，因此无法再现相同的外观[2]。当无法推测颜色配置文件时，印刷厂可能会使用规定的颜色配置文件[3]打开，如果与制作者的工作环境不同，颜色就会发生变化。以此状态转换为"CMYK 颜色"，就会印出非预期的颜色[4]。

★ 1. 即使是相同的"色值"，呈现出的颜色也会随使用的颜色配置文件而改变。与"色值"及屏幕颜色息息相关的，正是颜色配置文件。

★ 2. 不过，屏幕也有其特性，即使印刷厂使用与作业环境相同的颜色配置文件打开文件，也不一定会与作业环境看到的完全相同。

★ 3. 有些印刷厂会明确说出无法判断时使用的颜色配置文件。

★ 4. 即使嵌入颜色配置文件，在转换为"CMYK 颜色"时仍会丢失部分色域。

打开没有嵌入颜色配置文件的文件时会显示此对话框。如果选择了与工作环境不同的颜色配置文件，颜色会发生变化。不过，RGB 的"颜色值"不变。

保持原样 （不做色彩管理）	使用"颜色设置"的颜色配置文件来打开。"信息"面板会显示"未标记的 RGB"。
指定RGB	使用"颜色设置"的颜色配置文件来打开。"信息"面板会显示使用的颜色配置文件。
指定配置文件	使用指定的颜色配置文件来打开。"信息"面板会显示使用的颜色配置文件。

在"信息面板选项"对话框中勾选"状态信息"部分的"文档配置文件"，即可显示颜色配置文件。"信息面板选项"对话框可以从"信息"面板菜单打开。

文档的配置文件

在工作环境中打开的状态。"工作空间"是"Adobe RGB（1998）"。

※"工作空间"是指工作环境使用的颜色配置文件。

嵌入颜色配置文件存储后关闭，然后重新打开的状态。如果嵌入颜色配置文件，即使用其他计算机打开，仍可得知工作环境使用的颜色配置文件。用相同的颜色配置文件打开时，可显示与工作环境相同的颜色

不嵌入颜色配置文件存储后关闭，然后使用与工作环境不同的颜色配置文件"sRGB IEC61966-2.1"打开的状态。颜色看起来改变了。整体变暗沉，是因为将"Adobe RGB（1998）"制作的颜色转换成了为比其色域窄的"sRGB IEC61966-2.1"。

存储时嵌入颜色配置文件

要嵌入颜色配置文件，在存储时的对话框[*5]中勾选**"嵌入颜色配置文件"**即可。存储时，未嵌入颜色配置文件的文件，如果要重新嵌入颜色配置文件，必须执行"编辑—存储为"命令，然后通过对话框进行设置。

★ 5. 也有像SAI这类原本不会嵌入颜色配置文件的软件。此时，如果将使用的软件、显示器的颜色配置文件等工作环境信息，记载在付印文件规格文件中，有助于印刷厂推测出接近的配置文件来使用（有些印刷厂也可能不参照规格文件，直接用规定的颜色配置文件打开）。

"嵌入颜色配置文件"预设是勾选，因此直接存储的话就会嵌入。

检查颜色配置文件

要检查颜色配置文件是否嵌入，以及已嵌入的颜色配置文件，可通过"访达"（Mac）的**"显示简介"**窗口。在没有嵌入时，"更多信息"区域内不会显示"颜色描述文件"项目。

Photoshop 的"信息"面板中所显示的是打开该文件时使用的颜色配置文件，而不是嵌入的颜色配置文件。另外，若是通过 Bridge 查看，未嵌入颜色配置文件的文件仍有可能显示颜色配置文件。举例来说，如果把嵌入颜色配置文件的文件另存为未嵌入颜色配置文件的文件，Bridge 仍会显示原始文件的颜色配置文件。

在"访达"选择文件，右键单击执行"显示简介"命令即可打开。

4-9 用EPS格式付印

当要求以 EPS 格式付印时，将本机格式的文件存储为新文件即可解决。设置好"透明度拼合器预设"是重点所在。

用Illustrator EPS付印

有些印刷厂可接受的文件格式并非 Illustrator 格式，而是限用 Illustrator EPS 格式[★1]。此时，可将本机格式付印时创建的 Illustrator 文件，重新存储为 Illustrator EPS 格式。

在存储为 Illustrator EPS 格式时要注意，在存储时的"EPS 选项"对话框中，必须适当设置**拼合透明度预设集**[★2]。

在 Illustrator 中以 EPS 格式存储复制文件

STEP1. 执行"文件—存储副本"命令。

STEP2. 在对话框中选择"格式：Illustrator EPS(eps)"，然后设置存储位置及文件名，再单击"存储"。

STEP3. 在"EPS选项"对话框进行设置后，在"透明度"部分设置"预设：[高分辨率]"，然后单击"确定"。

★ 1. 在以 PostScript 基础的商业印刷机为主流的时代，付印常用的文件格式为 EPS 格式。在 PDF 基础逐渐成为业界标准的现在,EPS 格式虽然不再那么受推崇，但还是有需要以此格式付印的情况，故特此解说，以备不时之需。

★ 2. 默认设置为"预设 :[中分辨率]"，因此请务必确认。

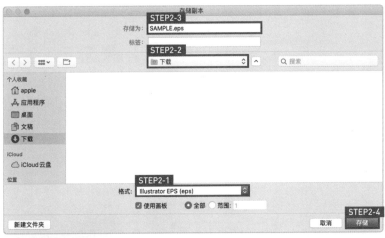

从Illustrator CC到 Illustrator CS EPS	设置"叠印"与"预设"。"叠印"可选择"保留"或"放弃"
从Illustrator 10 EPS到 Illustrator 9 EPS	只设置"预设"
Illustrator 8 EPS以前	选择"保留路径（放弃透明度）"或"保留外观和叠印"，然后设置"预设"。如果选择"保留路径（放弃透明度）"，会放弃透明效果，并重置为"不透明度：100%""混合模式：正常"。如果选择"保留外观和叠印"，会保留透明对象与未重叠部分的叠印，重叠部分将会拼合

※ "EPS 选项"对话框的内容会随"版本"而改变。"预设"是指"透明度拼合器预设"。

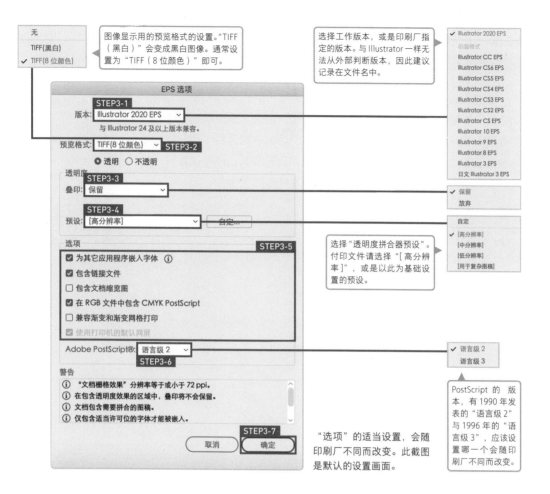

无
TIFF(黑白)
✓ TIFF(8 位颜色)

图像显示用的预览格式的设置。"TIFF（黑白）"会变成黑白图像。通常设置为"TIFF（8 位颜色）"即可。

选择工作版本，或是印刷厂指定的版本。与 Illustrator 一样无法从外部判断版本，因此建议记录在文件名中。

✓ Illustrator 2020 EPS
旧版格式
Illustrator CC EPS
Illustrator CS6 EPS
Illustrator CS5 EPS
Illustrator CS4 EPS
Illustrator CS3 EPS
Illustrator CS2 EPS
Illustrator CS EPS
Illustrator 10 EPS
Illustrator 9 EPS
Illustrator 8 EPS
Illustrator 3 EPS
日文 Illustrator 3 EPS

EPS 选项

STEP3-1
版本：Illustrator 2020 EPS
与 Illustrator 24 及以上版本兼容。

预览格式：TIFF(8 位颜色)　STEP3-2
◉ 透明　○ 不透明

透明度
STEP3-3
叠印：保留

✓ 保留
放弃

STEP3-4
预设：[高分辨率]　　　　自定...

自定
✓ [高分辨率]
[中分辨率]
[低分辨率]
[用于复杂图稿]

选项　　　　　　　　　STEP3-5
☑ 为其它应用程序嵌入字体 ⓘ
☑ 包含链接文件
☐ 包含文档缩览图
☑ 在 RGB 文件中包含 CMYK PostScript
☐ 兼容渐变和渐变网格打印
☑ 使用打印机的默认网屏

选择"透明度拼合器预设"。付印文件请选择"[高分辨率]"，或是以此为基础设置的预设。

Adobe PostScript®：语言级 2
STEP3-6

✓ 语言级 2
语言级 3

PostScript 的版本，有 1990 年发表的"语言级 2"与 1996 年的"语言级 3"，应该设置哪一个会随印刷厂不同而改变。

警告
ⓘ "文档栅格效果"分辨率等于或小于 72 ppi。
ⓘ 在包含透明度效果的区域中，叠印将不会保留。
ⓘ 文档包含需要拼合的图稿。
ⓘ 仅包含适当许可位的字体才能被嵌入。

STEP3-7
取消　　　确定

"选项"的适当设置，会随印刷厂不同而改变。此截图是默认的设置画面。

以工作版本存储的情况

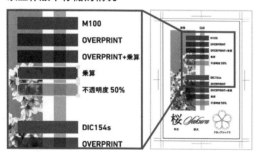

M100
OVERPRINT
OVERPRINT+乘算
乘算
不透明度 50%
DIC154s
OVERPRINT

链接

以工作版本（Illustrator 2020）存储。在 Illustrator 中打开时，会显示保留透明部分、专色色板、叠印的状态。如果置入 InDesign，会显示拼合透明度的状态。

以"版本：Illustrator 8 EPS"存储的情况

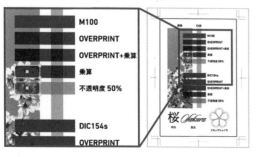

M100
OVERPRINT
OVERPRINT+乘算
乘算
不透明度 50%
DIC154s
OVERPRINT

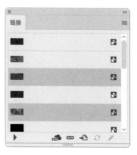

链接

如果存储为 Illustrator 8 以前的版本，即使用 Illustrator 打开，也会显示拼合透明度、专色色板被分解成基础油墨 CMYK 的状态。

存储为Photoshop EPS付印

相关内容 | Photoshop EPS 格式，参照第 56 页

　　在把 Photoshop 付印用的文件[3] 存储为 Photoshop EPS 格式时，如果没有**删除专色通道**，专色通道的印版仍会消失，这点请格外注意。与存储为 Photoshop 格式相同，无法通过对话框的设置将专色分解成基础油墨 CMYK，因此如果要用相似色表现，请事前处理好再保存[4]。如果需要保留专色的印版，最好考虑以其他文件格式付印[5]。

在 Photoshop 中以 EPS 格式存储复制文件

STEP1. 执行"文件—存储为"命令。

STEP2. 在对话框中选择"格式：Photoshop EPS"，在设置存储位置与文件名后，单击"存储"。

STEP3. 在"EPS选项"对话框进行设置后，单击"确定"。

★ 3. 是指已经完成图像拼合、删除多余通道及路径等 Photoshop 付印时必要处理步骤的文件。

★ 4. 从"通道"面板的菜单执行"合并专色通道"命令，可将专色分解成 CMYK 通道。

★ 5. CMYK + 专色油墨（专色通道）通常是以 Photoshop 格式付印。如果是 4 色以内的专色印刷，可采取分解为基础油墨 CMYK 的形式制作付印文件（参照第 99 页），即可以 Photoshop EPS 格式付印。

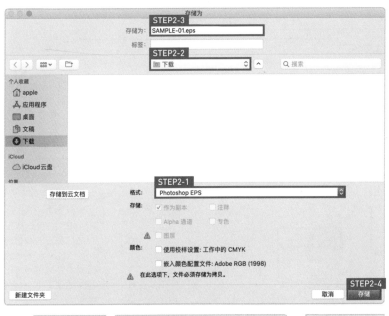

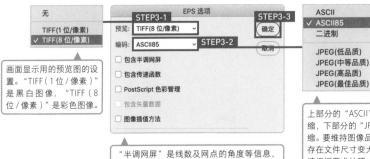

画面显示用的预览图的设置。"TIFF（1 位 / 像素）"是黑白图像，"TIFF（8 位 / 像素）"是彩色图像。

"半调网屏"是线数及网点的角度等信息，"传递函数"是改变网点扩大值的功能，"PostScript 色彩管理"是以输出设备的色彩空间进行颜色管理的功能。如果全部都包含在文件中，RIP 处理时会造成故障，因此基本上不要勾选。

上部分的"ASCII""ASCII85""二进制"是无损压缩，下部分的"JPEG（最佳品质）"等选项是有损压缩。要维持图像品质似要选择上部分的选项，但也存在文件尺寸变大的问题。如果印刷厂有具体要求，请根据要求处理。

原始的 Photoshop 文件

以 EPS 格式另存的文件

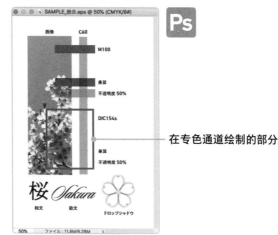

在专色通道绘制的部分

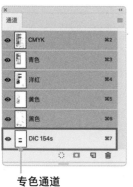

专色通道

如果以 Photoshop EPS 格式存储，专色通道会被删除，在专色通道绘制的部分也会消失。

Illustrator EPS与Photoshop EPS的区别

★ 6. 存储版本，是指"EPS 选项"对话框中设置的"版本"。

Illustrator EPS 与 Photoshop EPS，除了保存软件的不同，还有其他细微的区别。尤其是 Illustrator EPS，文件的结构会受到 Illustrator 版本的影响，用不同版本的软件打开时会发生变化，因此要事先了解存储版本★ 6。

项目	Illustrator EPS	Photoshop EPS	备注
版本	有影响	没有影响	Illustrator EPS 建议用存储版本打开
扩展名	.eps	.eps	因为扩展名相同，如果双击缩览图，可能会在制作软件以外的程序打开
图层	保留	拼合	Photoshop EPS 的图层图像会被拼合成"背景"
专色通道	保留	删除	即使是 Illustrator EPS，在旧版本中，专色色板被分解成基础油墨 CMYK。不过，跟 Photoshop EPS 不同，设置了专色色板的对象并不会消失
用途	烫金或击凸等表面加工用的印版	置入图像	因为只有用能够处理 EPS 格式文件的机器可以印刷，故有其必要性

4-10 用优动漫PAINT 制作付印文件

用优动漫 PAINT 软件，也可以另存为"颜色模式"适合印刷的 Photoshop 文件。虽然无法使用"CMYK 颜色"编辑，但若能巧妙运用显示用的颜色配置文件，在某种程度上仍可控制油墨。

优动漫PAINT可制作的付印文件

Photoshop 的"颜色模式"设置在文件内，优动漫 PAINT 则是在**图层属性**[1] **或导出时的对话框**中设置。这种方式的好处在于，根据设置的不同，能够转换成其他的"颜色模式"。举例来说，分辨率足够的话，就可以将彩色插图转换成黑白漫画原稿。

注：本书简体中文版使用优动漫 PAINT 对照解说，日文版使用 CLIP STUDIO PAINT 对照解说。此变更仅适用于简体中文版《设计师要懂的印前知识》。

★ 1. InDesign 也是文件本身不具备"颜色模式"，文件内可同时存在不同"颜色模式"的对象及图像。把优动漫 PAINT 想成与此相似的系统也无妨。

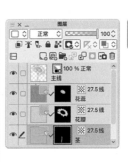

将彩色插图通过更改图层的"颜色模式"，制作成黑白漫画原稿的例子。把主线的图层更改为"颜色模式：黑白位图"，把着色的图层更改为网点。更改为网点后，显示颜色会自动变成黑白。

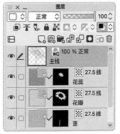

彩色插图在导出时选择"颜色模式：双色调（网点化）"，制作成黑白漫画原稿的例子。主线的图层被网点化，因而变成模糊的主线。像这种情况，采取更改图层"颜色模式"的做法，可让结果更鲜明。

颜色模式（Adobe）	颜色模式（优动漫PAINT）	分辨率	用途
位图	黑白位图 【双色调（临界值）】或 【双色调（网点化）】	600 ppi 以上	黑白漫画原稿或黑白插图等
灰度	灰度 【灰度】	300 ppi 以上	黑白插图或照片等
CMYK颜色	彩色 【CMYK 颜色】	300 ppi 以上	彩色插图或照片等
RGB颜色	彩色 【RGB 颜色】	300 ppi 以上	彩色插图或照片等（RGB 付印用）

※Adobe 软件的"颜色模式"与优动漫 PAINT 中的名称，以及各自的分辨率标准对应。【 】内是"导出设置"对话框中的名称。

付印文件，是将图稿导出为栅格图像所制成的。在优动漫 PAINT 可以导出的文件格式中，能够用作付印文件的主要是 **Photoshop 格式**与 **TIFF 格式**。是否需要包含裁切标记或基本框等，会随印刷厂不同而改变，请仔细确认完稿须知。若是一般的 Photoshop 付印，请在"psd 导出设置"对话框中勾选**输出为'背景'**，然后在"输出图像"区域设置**输出范围：至裁切标记的出血**★2。

★ 2. "新建"对话框的"预设"选项，有些默认是设置为"出血位：5 mm"，一般出血多是 3 mm。如果印刷厂要求的是"3 mm"，请在"画布属性"对话框中进行更改。

彩色插图尽可能使用RGB付印

相关内容 | RGB 付印的优点与注意事项，参照第 172 页

优动漫 PAINT 无法编辑"颜色模式：CMYK 颜色"的图像。导出时选择"颜色模式：CMYK 颜色"，可导出为"CMYK 颜色"的图像，但是导出后的图像用优动漫 PAINT 打开，还是会转换为"RGB 颜色"的图像。因此，如果需要修改导出后的付印文件，只能修改导出前的源文件，然后再重新导出。

★ 3. 有些印刷厂也会准备用来将图像内的"R：0 / G：0 / B：0"变成"C：0% / M：0% / Y：0% / K：100%"的转换表。

此外，黑色"R：0 / G：0 / B：0"的部分，会转换为基础油墨 CMYK 都有用到的颜色★3，因此可能会因为套印不准而产生细小文字的可读性降低，或者连同裁切标记一起导出也无法以"100%"印刷等问题。请尽量使用"RGB 颜色"的图像付印，再交由印刷厂转换为"CMYK 颜色"，输出问题较少，也较接近屏幕显示的颜色。

当如果无法使用 RGB 付印，或者一定要使用"CMYK 颜色"的图像时，将显示用的颜色配置文件设置为"CMYK: Japan Color 2001 Coated"等适合印刷的配置文件，或是印刷厂指示的配置文件，在仔细确认颜色后再导出。

在优动漫 PAINT 中以"颜色模式：CMYK 颜色"导出

STEP1. 执行"视图—颜色配置文件—预览设置"命令。

STEP2. 在"颜色配置文件预览"对话框中设置"预览的配置文件：CMYK：Japan Color 2001 Coated"，然后单击"确定"。

STEP3. 执行"文件—拼合图像后导出—.psd(Photoshop文档)"命令*4，在对话框中设置存储位置及文件名称，然后单击"存储"。

STEP4. 在"psd导出设置"对话框中勾选"输出为'背景'"，然后设置"颜色模式：CMYK颜色"，接着勾选"嵌入ICC配置文件"，单击"确定"。

★ 4. 当要一起导出多个页面时，可执行"文件—导出多页—批量导出"命令。在"批量导出"对话框中设置为"文件格式：.psd（ Photoshop 文文档 ）"，再于"psd 导出设置"对话框中设置。

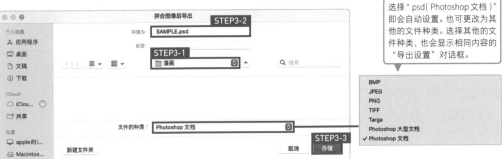

选择".psd(Photoshop 文档)"即会自动设置。也可更改为其他的文件种类。选择其他的文件种类，也会显示相同内容的"导出设置"对话框。

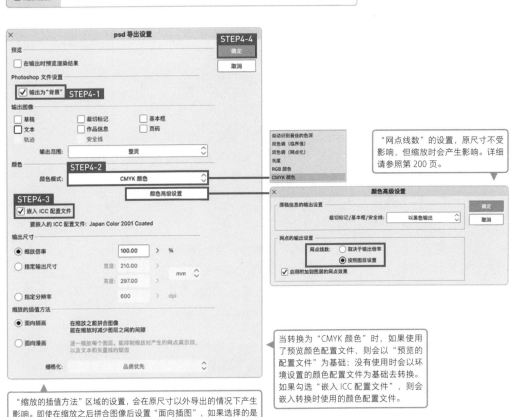

"网点线数"的设置，原尺寸不受影响，但缩放时会产生影响。详细请参照第 200 页。

当转换为"CMYK 颜色"时，如果使用了预览颜色配置文件，则会以"预览的配置文件"为基础；没有使用时会以环境设置的颜色配置文件为基础去转换。如果勾选"嵌入 ICC 配置文件"，则会嵌入转换时使用的颜色配置文件。

"缩放的插值方法"区域的设置，会在原尺寸以外导出的情况下产生影响。即使在缩放之后拼合图像后设置"面向插图"，如果选择的是"网点线数：按照图层设置"，则仍会使用图层的"网点线数"。

在"颜色配置文件预览"对话框中勾选"色调调整"，然后选择"曲线"或"色阶"，可以在一定程度上调整"颜色值"。如果选择"洋红"并向上拉伸曲线，即可增强 M 油墨。不过，对于黑色的部分，因为 CMYK 四色油墨全部都会用到，因此即使选择"黑色"并向上拉伸曲线，仍会一并增加所有印版的"颜色值"，而不会将黑色部分集中在 K 印版。

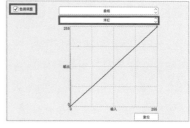

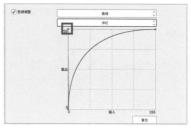

用"黑白位图"清晰导出的诀窍

关于"黑白位图"，在使用导出功能之前，重新调整待操作文件的图层设置，可获得更为理想的结果。在"图层属性"面板，将主线的图层设置为"颜色模式：黑白位图"，灰度或渐变填充的图层设置为"效果：网点"，之后导出时颜色模式无论选择"双色调（临界值）"还是"双色调（网点化）"[5]，都可以清晰地导出。

★ 5. 括号内是针对灰色像素的处理方法。"双色调（临界值）"是在临界值上被分配白色或黑色，"双色调（网点化）"是用网点化来表现灰色的部分。如果不存在灰色像素，则无论选择哪一个，都会呈现一样的结果。

灰度 　　　　双色调（临界值）　　　双色调（网点化）

在不同的设置下导出灰度线状图。"双色调（临界值）"会呈现清晰的线条，"双色调（网点化）"会将灰色部分网点化，因此线条变得有点模糊。当只有线状图时建议选择"双色调（临界值）"，而当同时包含线状图与填充时，重新调整图层设置可获得更清晰的结果。不过，在图层数过多难以重新调整的情况下，也可只把主线的图层设置为"颜色模式：黑白位图"，然后在"psd 导出设置"对话框中选择"颜色模式：双色调（网点化）"。

使用双色分版导出CMYK

使用"颜色配置文件预览"对话框,也可分版成双色印刷★6。在"颜色配置文件预览"对话框中将**曲线调整为水平**,即可更改**"颜色值:0%"**,则这个通道变为空白(未绘制任何内容)。在此状态下,使用"颜色模式:CMYK 颜色"存储,即可创建将特定通道清空的文件。

在优动漫 PAINT 中清空青色通道和黄色通道

STEP1. 执行"视图—颜色配置文件—预览设置"命令,在"颜色配置文件预览"对话框中设置"预览的配置文件:CMYK:Japan Color 2001 Coated",然后勾选"色调调整"。

STEP2. 在选择"青色"后,将右上角的点向下拖动,使曲线水平。

STEP3. 在选择"黄色"后,将右上角的点向下拖动,使曲线水平,然后单击"确定"。

★ 6. 这种分版方法,适合照片或具有色阶表现的插画。"颜色值:0%"的分版很容易,但是"颜色值:100%"的分版很难,深色也一定会网点化,因此有大范围填充且色差明显的插画,无法呈现清晰的成果。如果有 Photoshop,还是用此软件进行分版操作比较好。

用 Photoshop 打开,可看出青色通道与黄色通道变成空白。

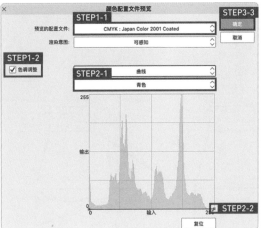 

第五章

各种类型的付印文件

5-1 　制作书籍的护封

书籍的护封由封面、封底、书脊、前后勒口 5 项要素构成。书脊宽度在书籍规格确认前尚无法得知（因为会受到页数等因素影响，页数越多则越宽），此时可先用暂定的书脊宽度来制作。如果能活用护封的制作方式，还可制成腰封及封面。

组合多个矩形来制作成品线

下面将使用 Illustrator 解说制作方法。范例与本书相同，是设定为左翻横排的软护封（平装书）形式。首先，请创建工作作用的新文件，这里需要注意的是**画板的"尺寸"**。软护封的情况，"高度"与内页相同，或是加上裁切标记范围的数值[1] 即可，"宽度"则必须等到书籍规格确定才知道正确的数值[2]。尤其是**书脊宽度**，要等页数及用纸确定后才会知道，因此如果交稿期限不那么充裕，也可先用适当的暂定数值开始制作。书脊、封面、封底若是非连续的图案或设计，日后要更改书脊宽度也没有太大影响。

首先，创建**封面**、**书脊**、**勒口**尺寸的矩形[3]。在复制了封面与勒口后，由左至右依次按照"封底勒口、封底、书脊、封面、封面勒口"的顺序排列。请将书脊放置在画板的中央，将其设置为关键对象，在"对齐"面板中设置为"分布间距：0 mm"，然后分别按"水平分布间距""垂直居中对齐"，让所有矩形的高度对齐，并且相互贴齐。

★ 1. 这个尺寸的好处是能够从外部看见折线标记。

★ 2. 最好直接向印刷厂询问尺寸。以软护封为例，通常封面与内页的宽度是相同的（或是往勒口方向增加 1 mm）。勒口会随书的尺寸而变化，如果制作时还无法确定，可先暂定 50 ~ 100 mm。

★ 3. 如果把勒口的矩形删除，即可挪用为内封。不过，内封与护封的书脊宽度可能会有些许差异，此时只要更改书脊的"宽度"即可。通常护封的书脊宽度会比内封的书脊宽度宽 1 mm 左右。

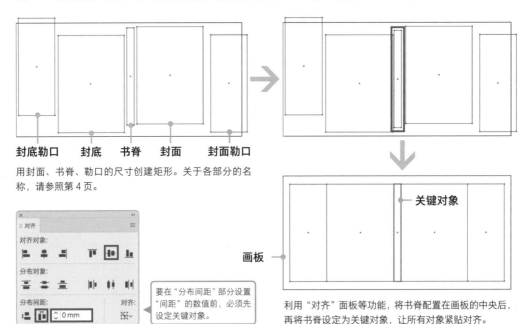

封底勒口　封底　书脊　封面　封面勒口

用封面、书脊、勒口的尺寸创建矩形。关于各部分的名称，请参照第 4 页。

要在"分布间距"部分设置"间距"的数值前，必须先设定关键对象。

→ 关键对象

画板 →

利用"对齐"面板等功能，将书脊配置在画板的中央后，再将书脊设定为关键对象，让所有对象紧贴对齐。

这些矩形表示护封各构成部位的**成品尺寸**。除了最后可变成裁切标记的基础之外，还可当作裁切框、剪切路径，或是用作折线标记位置的关键对象。比起参考线[★4]，保持对象状态并分别放置在不同图层会更方便。以这些矩形为基础，创建其他用途的图层，再进行设计操作。

用矩形当作裁切框的例子。先把"描边"加粗，再设置"对齐：使描边外侧对齐"，即可变成裁切框（方法请参照第32页）。

配合确定的书脊宽度移动对象

一旦确定了书脊的宽度，即可配合该宽度移动封面、封底、勒口的成品尺寸（矩形）与设计（对象）。检查暂定的书脊宽度与确定的书脊宽度的差距，利用"变换"面板的坐标和"移动"对话框等功能，以正确的距离移动。

★ 4. 在 Illustrator 中执行"视图—参考线—建立参考线"命令，可将对象转换成参考线。

把书脊矩形的"宽度"更改为确定后的数值。

将书脊矩形设置为关键对象，然后对齐其他矩形的位置。

移动

位置	
水平：	-3.5 mm
垂直：	0 mm
距离：	3.5 mm
角度：	180°

选项
☑ 变换对象　☐ 变换图案

☑ 预览

Ai

调整书脊左右对象的位置。因为颜色的对象会被漏选，所以移动前请务必仔细确认。

执行"对象—变换—移动"命令，可在"移动"对话框中指定移动距离。请在"水平"中输入书脊宽度的暂定数值和确定数值差的一半。

创建裁切标记与折线标记

相关内容｜用绘图工具绘制折线标记，参照第 33 页

★ 5. 选择多个对象后执行"创建裁切标记"命令，会以选择对象的整体尺寸来创建裁切标记。

　　裁切标记与套准标记是用最初创建的矩形来制作的。选择 5 个矩形并将其更改为"填色：无""描边：无"，然后执行"对象—创建裁切标记"命令，以创建整体护封尺寸的**裁切标记**[5]。接着要在书脊与勒口的折线位置创建折线标记，将矩形设置为关键对象，即可简单对齐折线的位置。

在选择 5 个矩形后，更改为"填色：无""描边：无"。

护封的裁切标记（也就是裁切标记与套准标记），是用封面、封底、勒口加上书脊的尺寸来制作的。

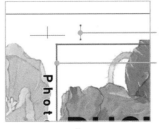

折线标记

关键对象

将封面及封底的矩形作为关键对象，便于定位书脊及勒口的折线位置。

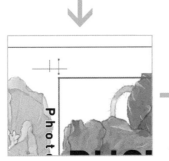

在 InDesign 中创建 5 页的跨页，用"页面工具"将各页面的尺寸调整为符合书脊及勒口的尺寸，设置裁切标记并导出为 PDF，即可自动添加四角标记与折线标记。如果改变书脊的宽度（中间页面的"宽"），在移动页面时，封面及勒口的对象也会自动移动。不过，在创建书脊这类"宽"较小的页面时，必须执行"版面—边距和栏"命令，把"边界"设置为"宽"的一半以下。当要导出为 PDF 时，必须在"常规"区域的"页面"部分勾选"跨页"。

置入条形码

条形码的置入位置[6]，请按照出版社的规定来放置。这里也是将书脊矩形设置为关键对象，即可简单对齐位置。

为了保持条形码的可读性，背景也有其规定，例如，在护封满版配置插图或照片时，请在条形码的周围添加往外扩 5 mm 的白底。可在"变换"面板查看条形码的尺寸，根据尺寸创建一个按规定新增留白的矩形，再将其设置在条形码的后面并居中对齐，即可解决。

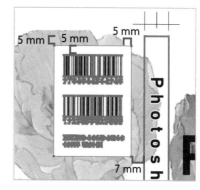

高效制作腰封

若要制作腰封，请尽量用和护封相同的文件制作，待付印时再分别存储。这么做的好处是，在制作过程中可随时确认腰封与护封包在一起时的状态及能够以叠合腰封的状态导出图像[7]。为了方便之后分别存储，建议分别用不同的图层来制作。当护封与腰封的折线位置相同时[8]，只要更改上方折线标记的 Y 值，即可再次利用护封的折线标记。

★ 6. 关于条形码的位置，请遵循出版社的规定。

★ 7. 如商品图（立体书）及电子书用的封面通常会需要这种图像。

★ 8. 护封与腰封的折线位置也可能不相同。此时可调整 X 的数值。

腰封用的工作图层

制作时，请把腰封设置为没有出血的状态，以便模拟腰封与护封叠合的状态。付印时的出血添加，腰封的背景如果是矩形，可更改其"尺寸"；如果是置入图像，则用剪切蒙版遮盖，再更改此剪切路径的"尺寸"。

上面的腰封案例是以双色印刷呈现的，因此文件制作是以基础油墨 CMYK 中的 C 油墨暂代专色黑；另以基础油墨 CMYK 中的 M 油墨暂代专色黄。这类文件的制作方法，请参照第 98 页。

5-2 制作模切贴纸

利用模切或激光切割等加工技术，即可制作不规则形状的贴纸或卡片等印刷品。模切的形状主要是由路径来指定的。

可创建刀版线的软件

模切，有用模板裁剪纸张的加工方式，或是用刀（刃）及激光切割机切割等各种做法，不论哪一种方式，都有个必须做的步骤，也就是要创建用来指定模切形状的**"刀版线"**[★1]。

刀版线通常是由路径来指定的，这个路径称为**"刀版路径"**。为了明确区别刀版路径与其他的设计，标准做法是采用能够保留多个图层的 **Illustrator 格式**付印。将刀版路径放置在独立的图层上，"描边粗细"及颜色请按照要求设置。请注意，不可在刀版路径所在的图层放置其他对象。

如果是用 Photoshop 付印，也请将刀版路径放置在"路径"面板，使其与设计有所区别。

用Illustrator制作模切贴纸的付印文件

制作刀版路径的条件，必须是一笔绘制的**闭合路径**[★2]，而且没有像"8"一样交错。此外，建议避免**尖锐的切口**，否则很容易发生交货时尖端折损，或是交叉处产生切口等问题。最好让切口及角度平滑些，尽量使用没有锐角的路径，可使成果更臻完美。

制作时需要特别注意的是，刀版的裁切位置，也可能发生**偏差**。设计时建议先预留1mm左右的偏差范围。如果设计中有不可切断的文字或重要图案，请放置在即使有偏差也不会裁到的位置[★3]。

★ 1. 学会制作刀版线，除了做贴纸，还可制作特殊造型的明信片、亚克力钥匙圈等产品。

★ 2. 没有端点的路径。乍一看端点好像连在一起，其实只是在相同位置重叠。要明确判别路径状态，可在"文档信息"面板菜单设置"对象""仅所选对象"，然后再选择路径，如果"路径"显示"开放"，表示其为开放路径。

★ 3. 安全范围会随印刷厂不同及裁切的精准度不同而变化。

关键词

刀版线

别称：刀模线、模切线

指定模切加工的裁切位置及其形状。通常是由路径来指定的，这个路径称为"刀版路径"。

用 Illustrator 制作模切贴纸的付印文件

STEP1. 把物体轮廓的路径复制到另一图层的相同位置*⁴，制作成刀版路径。

STEP2. 回到原来的图层，对物体轮廓的路径应用"对象—路径—偏移路径"命令，将面积往外扩张。

STEP3. 调整刀版路径的锚点，减少凹凸及锐利的切口。

★ 4. 执行"编辑—就地粘贴"命令，并使用"图层"面板的"指示所选图稿"方格拖动。

把物体轮廓的路径复制到另一图层的相同位置，制作成刀版路径。

刀版路径

在与设计稿不同的图层上创建刀版路径。

> 此物体由多个对象构成，请将各个轮廓的路径合并，以制作物体轮廓的路径。

"偏移路径"的数值，会成为偏移时的出血范围。所需的宽度会随切割的精准度不同而发生变化。

沿着物体周围添加轮廓线，作为出血范围。这个范例的主设计是用实时着色功能填充的对象，因此只需要扩展轮廓的路径，然后调整细节即可。

对于形状复杂的路径，或是如本例这种刀版路径兼任轮廓的情况，建议用"直接选择工具"或是"删除锚点工具"来调整细节，形状不容易改变，并且更有效率。尽可能删除不必要的锚点，让切口变平滑。

试着错开刀版路径，可以模拟可承受的最大偏差范围。

45°以上（60°）　　45°　　45°以下（30°）　　45°添加圆角

锐利的切口容易造成折断、缺口等问题。最好调整到 45° 以上（最小角度会因印刷厂而异）。角度带点圆角会更好。用平滑锚点构成、锚点数较少的路径，可呈现更平滑的切口。

制作刀版路径的小技巧

刀版路径的形状越平滑越不容易发生问题，成品也比较漂亮。带有尖角（转角锚点）的路径，最好利用"效果"菜单的**"圆角"**命令使其变圆滑。不过，"效果"菜单应用的圆角始终只是模拟效果。在作为刀版路径使用时，付印前必须**扩展外观**，使圆角真正反映在路径上★5。

★ 5. 在用作刀版路径时，利用"效果"菜单应用的变形（外观属性），全都必须扩展使其反映在路径上。

为路径的尖角添加圆角外观属性

STEP1. 选择路径，执行"效果—风格化—圆角"命令。
STEP2. 在"圆角"对话框指定"半径"，单击"确定"。
STEP3. 执行"对象—扩展外观"命令。

在字体的尖角处添加相同的圆角。

把通过外观属性添加的圆角反映到路径上。

在 Illustrator CC 或更高的版本中，也可以使用**边角构件**功能来添加圆角。此方法也可改变每个尖角的圆角"半径"。要使用边角构件功能，可执行"视图—显示边角构件★6"命令。

★ 6. 如果已经启用此功能，则菜单内会显示"隐藏边角构件"。

使用边角构件添加圆角

STEP1. 在用"选择工具"选择路径后，选择"直接选择工具"。
STEP2. 将光标悬停在其中一个边角构件上，然后拖动即可调整。

—边角构件

切换到"直接选择工具"即可显示边角构件。依序切换"选择工具"与"直接选择工具"，将边角构件全部选择后拖动，即可为所有的尖角添加圆角。

在用"直接选择工具"选择特定的尖角时，可以只为特定的尖角添加圆角。使用边角构件变形，就不需要扩展外观或展开路径。

当刀版路径的锚点过多时，切口会呈现锯齿状。在这种情况下，使用**"平滑工具"**拖动路径，即可减少锚点★7；也可执行"对象—路径—简化"命令来减少锚点。

★ 7. 直线上的锚点，可以通过"删除锚点工具"或控制面板的"删除所选锚点"删除。

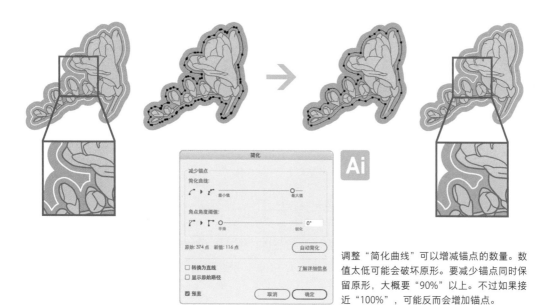

调整"简化曲线"可以增减锚点的数量。数值太低可能会破坏原形。要减少锚点同时保留原形，大概要"90%"以上。不过如果接近"100%"，可能反而会增加锚点。

用Photoshop制作刀版路径

Photoshop 可以**将选区转换为路径**。利用这个功能，即可制作刀版路径[8]。要创建平滑路径，可以利用"建立工作路径"对话框中的**"容差"**来调整。

★ 8. 有些印刷厂不支持用 Photoshop 路径制作的刀版路径，建议先向印刷厂咨询。

"分辨率：350 ppi"的情况，2 毫米 = 28 像素。"扩展选区"对话框中可以设置的单位只有像素，如果想要以毫米为单位来指定，则须换算。

创建物体轮廓的选区。在想要如此范例般增加留白范围时，可先执行"选择—修改—扩展"命令扩展选区，再执行"选择—修改—平滑"命令减少烦琐的凹凸。将该选区转换为路径，即可创建刀版路径。

通过单击"路径"面板的"从选区生成工作路径"图标转换为路径，则不会显示此对话框，因此无法进行细节调整。

使用"路径"面板菜单的"建立工作路径"命令转换为路径，可通过"容差"来调整锚点的数量。默认的"1 像素"很可能会产生过多的锚点。

尖角部分，可以通过"直接选择工具"或"转换点工具"等先处理成平滑状。

转换后即可成为工作路径。当要用作刀版路径时，请从"路径"面板的菜单执行"存储路径"命令，将其转换为一般的路径。

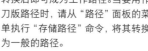

5-3 制作胶带

以前要委托专门的设计师才能设计有图案的胶带，现在由于设计软件的普及，个人在家中也可以制作设计文件。如果能掌握四方连续图的制作方法，就可以制作出满版设计的胶带。

制作胶带的难易程度取决于有无出血

设计有图案的胶带，图案重复的**最小单位长度**、可制作的**胶带宽度**、有无上下**出血**，这些要求在每家印刷厂都不尽相同。有些印刷厂也会因此提供可最终嵌入设计的付印**模板**。

通常情况下，如果配合的印刷厂能设置上下出血[1]，则付印时只需要注意左右的连续图案，按照单页印刷品的做法即可制作付印文件。当不能设置出血时，则必须做成上下左右四方连续的设计。

★ 1. 有图案的胶带，出血范围大多会比一般印刷品要小。

胶带模板（宽度：15 mm）　　　　　　　　　　　　　　　　　长度：200 mm

拉取方向

□ 红框内为成品尺寸　　　　□ 请用此蓝框设计

有出血

可设置上下出血的模板示例。与单页印刷品相同，设计可达出血范围。此设计的最小单位是 19 mm（15 mm + 上下出血各 2 mm）× 200 mm。

胶带模板（宽度：15 mm）　　　　　　　　　　　　　　　　　长度：200 mm

拉取方向

□ 红框内为成品尺寸　　　　□ 不想被裁切到的文本请放置在蓝框内侧

没有出血

不可设置上下出血的模板示例。只可在成品尺寸的内侧设计。此设计的最小单位是 15 mm × 200 mm。放置在靠近上下边界的对象，可能会受到裁切偏差的影响。

Ai

成品尺寸或出血范围等，只要检查指定其矩形与描边的位置与尺寸即可判断，但也可能遇到已锁定或参考线化的对象。对这类对象，可执行"对象—全部解锁"命令解除锁定，或是执行"视图—参考线—释放参考线"命令让参考线化的对象恢复成一般对象，即可选择。

有些模板也会指定设计所在图层。

可设置出血的情况

　　上下的出血宽度，会因印刷厂不同而不同，请确认完稿须知或模板。
要制作左右的无接缝连续图案，在 Illustrator 中可使用**移动复制的外观属性**制作；在 Photoshop 中则可使用**智能对象**，一边模拟一边制作[2]。

用 Illustrator 的外观属性制作连续图案

STEP1. 在"图层"面板单击目标图标[3]，执行"效果—扭曲和变换—变换"命令。

STEP2. 在"变换效果"对话框"移动"部分的"水平"输入最小单位的"宽度"，接着设置"副本：1"，然后单击"确定"。

STEP3. 移动对象以调整左右的接缝，然后编组。

STEP4. 将图层的外观编组后移动，再执行"对象—扩展外观"命令。

STEP5. 创建出血尺寸的矩形，然后创建剪切蒙版。

★ 2. 这里介绍的方法，是有效制作连续图案的方法之一，但并非一定要这么做。

★ 3. 为图层设置外观属性，即可反映到图层内的所有对象上。如果将外观编组，就能轻松地选择对象。

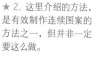

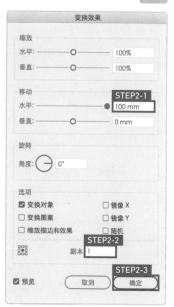

变换效果

缩放
水平：100%
垂直：100%

移动
STEP2-1
水平：100 mm
垂直：0 mm

旋转
角度：0°

选项
☑ 变换对象　　□ 镜像 X
□ 变换图案　　□ 镜像 Y
□ 缩放描边和效果　□ 随机

STEP2-2
副本 1

☑ 预览　　取消　　确定
STEP2-3

在这个范例中，设计的最小单位是"宽度：100 mm"。作为连续图案左侧的对象，刻意使其稍微超出画板。

单击目标图标，可将图层指定为应用外观属性的对象。

目标图标

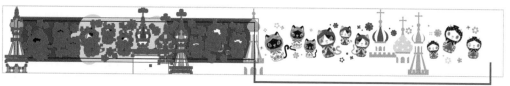

利用外观属性复制的部分

图层设置的外观属性，一旦将对象复制并粘贴到其他文件中，就会消失。因此，在调整好接缝处之后，请将图层内的对象编组。

如果移动对象，复制出来的部分也会立即随之改变。建议一边查看整体的平衡，一边调整接缝处及其他部分的密度。

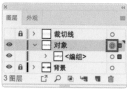

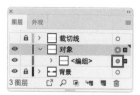

将光标悬停在图层的目标图标上，然后拖到组中，即可移动外观。

用剪切蒙版遮住超出的部分。把这个对象放入模板中即可付印。

使用 Photoshop 的智能对象（链接图像）制作连续图案

STEP1. 创建并设计具有最小单位接缝的文件A。

STEP2. 创建宽度为最小单位的2倍的文件B，然后执行"文件—置入链接的智能对象"命令，在对话框中选择文件A，单击"置入"。

STEP3. 在控制面板中设置"参考点位置：左上角"，在"X"输入添加"-（负数）"的连接处"宽度"，然后单击"确认变形"。

STEP4. 在复制链接图像后，执行"编辑—变换—缩放"命令★4，与STEP3相同，在控制面板中配置在正确的位置★5。

STEP5. 回到文件A调整接缝处的设计后保存，再切换至文件B确认结果。

STEP6. 重复STEP5的操作，在确认无缝连接后，执行"图像—画布大小"命令，"定位"部分保持"基准位置点：中央"，然后将"宽度"变为一半。

★ 4. 执行"编辑—变换"命令的任一子菜单命令，便可在控制面板指定坐标。

★ 5. 在"X"输入最小单位的"宽度"减去接缝处"宽度"后的数值。

接缝处

最小单位 + 接缝处（文件 A）

这个范例的最小单位宽度为100 mm，接缝处为40 mm。

最小单位

参考点

在输入框中按住"Ctrl/command"键的同时单击右键，可以更改单位。

确认变形

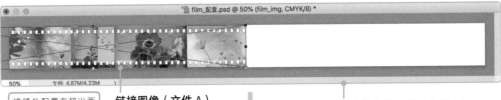

接缝处配置在超出画布的位置。　**链接图像（文件 A）**

最小单位的 2 倍（文件 B）

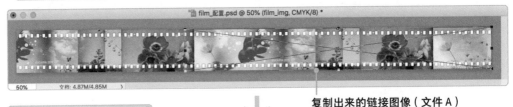

复制出来的链接图像（文件 A）

链接图像（文件 A）

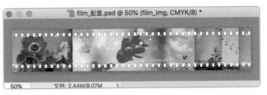

将这个图像置入模板中即可付印。智能对象可能会造成输出问题，因此付印前请将图像拼合。

不可设置出血的情况

当不可设置出血时，则需要设计成上下左右都没有接缝*6。此时，利用 Illustrator 的外观属性与 Photoshop 的智能对象，也可以更有效率地操作。

在实际的制作过程中，是将最小单位的设计无接缝并排后印刷，然后用胶带的宽度进行裁切。因此，设计时在上下预留 2 mm 左右的缓冲范围，作为裁歪时的变通措施。

在用 Illustrator 制作时，用外观属性完成左右的连续后，再次执行"效果—扭曲和变换—变换"命令，在"变换效果"对话框"移动"部分的"垂直"输入最小单位的"高度"，然后设置"副本：2"让上下相连。

在用 Photoshop 制作时，为左页的文件 A 添加上下接缝处的"尺寸"，文件 B 用最小单位的 2 倍"尺寸"制作，再将文件 A 分别放置在文件 B 的正确位置。调整接缝处，然后将画布大小更改为最小单位。

★ 6. 制作上下左右连续图案的必要技巧，与制作 Illustrator 的图案色板相同。如果能制作四方连续的图案色板，即可设计没有出血的图案胶带。

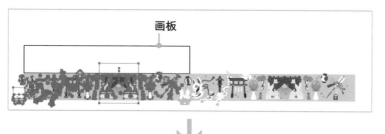

如果将画板设定为与最小单位相同的尺寸，则可以画板的边界为基础进行操作。让画板刚好符合最小单位的设计尺寸，将对象放置在画板之外是诀窍所在。

与第 193 页相同，可在操作过程中为图层设置外观属性，然后编组，再移动该组。

根据付印文件的指定裁切后的状态（左），以及发生裁切偏差时的状态（右）。即使发生 1~2 mm 的偏差也不会让人感到不协调，是能应对各种状况的设计方式。

5-4 利用活版印刷

如果能理解第 104 页用单色黑制作付印文件的技巧，即可活用该技巧来制作活版印刷的付印文件。必须注意不可使用"K：50%"等的灰色，以及要避免使用容易破损或磨损的细线及细小文字。

活版印刷的结构

活版印刷是用铅字编排，或是用金属、树脂制版，再将油墨附着其上，并转印到纸上的印刷方式。在第 20 页，已经以印章为例来说明了印刷技术，活版印刷就类似印章的原理。15 世纪时发明的印刷技术，长期位居印刷的主流，不过随着 1980 年以后平版印刷的普及，已逐渐不再使用。近年来，印面的凹陷及磨损感所酝酿出的怀旧感及高格调重新受到瞩目，同时手工艺风潮兴起，活版印刷品再次回归大众视野。

制作活版印刷付印文件的注意事项

基本上，活版印刷的完稿技巧与第 104 页用单色黑制作付印文件相同，其沾附油墨的部分是黑"K：100%"，不沾附油墨的部分是白"K：0%"[1]。而与第 104 页不同的是，**不可使用灰色（"K：50%"或"K：10%"等颜色）**，再者，由于付印文件中的细线与细小文字容易在印刷时破损或磨损，因此必须设置比其他印刷方法更高的底限。此外，活版印刷基于成本考虑，大多不会印刷到贴近成品尺寸的边界[2]，通常会让设计中预留成品尺寸往内约 3 mm 的留白。至于成品尺寸的指定，只要创建了裁切标记就没有问题。

★ 1. 适合付印的"颜色模式"是"CMYK 颜色""灰度""位图"。不过，关于"CMYK 颜色"与"灰度"，请注意不可使用黑"K:100%"与白"K：0%"以外的颜色。利用此付印文件制作出类似印章的印版，其黑色部分是沾附油墨的凸面，白色部分是不会沾附油墨的凹面。

★ 2. 虽然也可印刷到出血范围后再行裁切，但是在这种情况下，必须将裁切标记也放入印版，否则会增加这个面积的制版费用。设计内容不超过成品尺寸，制版后印刷在完成尺寸的纸张上，这样做可以减少成本，因此现实中大多采用此方法。

3 mm 左右的留白
K: 100%

成品尺寸（画板）

字号是 6 pt 以上
"描边"是 0.5 pt 以上

※ 字号与"描边"的底限是大致的标准，可能随版的素材而变化。此外，这些设置的底限与规定也会随印刷厂而变化，建议事前咨询印刷厂。

只有线条

有填充

填充面积大

有渐变

"K: 100%"以外

在有缓冲性的纸上施加压力印刷，追求印面的凹陷效果时，最好只有线条。小面积色块也可获得不错的成果。大面积色块虽然也可以印刷，但是效果并不明显。此外，大面积色块也容易产生斑点或擦痕，这点也要注意。

使用照片时的做法

如果是照片及插图等位图图像，也可用作付印文件。此时的分辨率是比一般付印文件高的 800 ppi，包含文字和照片则要设定为 1200 ppi 左右。建议使用调整图层[3] 使构成图像的像素只有黑色"K: 100%"与白色"K: 0%"[4]。

在将照片或有色阶表现的插图转换为"颜色模式：位图"时，建议在转换时选择"使用：半调网屏"，然后指定"频率"使其网点化。无法直接用作付印文件的渐变或灰色块，使用此方法网点化后即可使用。

[3] 在把位图图像转换为黑白图像时，可使用"黑白"调整图层、"图像—调整—黑白"命令，或是转换为"颜色模式：位图"等方法。

[4] "颜色模式：位图"的漫画原稿，也可直接用作付印文件。

1200 ppi（原始尺寸）　100 线 / 英寸

执行"图像—模式—灰度"命令转成灰度后，执行"图像—模式—位图"命令，选择"使用：半调网屏"，接着在对话框中指定"频率"即可网点化。"频率"设定得低的话，可得到波普风格的效果。照片如果直接做转换，根据照片的内容，也可能会出现物体消失的情况。建议事先用图像调整来增加物体与背景对比度等。

完成图像调整

100 线 / 英寸

60 线 / 英寸

20 线 / 英寸

关于适当的"频率"及网点密度，建议向印刷厂确认。

5-5 制作烫印的付印文件

烫印的付印文件，可以通过活版印刷的做法来制作。两者的共同点是都使用金属版，且用黑色和白色两种颜色来制作。如果是不透明的箔，建议在箔的背面填满图案，可让成果更臻完美。

关于烫印及其付印文件

烫印[1]，是使用金属版，将片状的箔[2]加热转印到纸上的印刷技术。无论是烫印还是活版印刷，其付印文件都是用来制作金属版。烫印用的付印文件的制作方法和注意事项与活版印刷几乎相同[3]。

如果进行烫印，则与活版印刷相同，烫印的部分用黑"K：100%"制作。如果要在彩色印刷品上烫印，虽然也是用"K：100%"指定，但是因为其他不需要烫印的部分也可能会用到这个颜色，为了避免混淆，请将烫印的部分整合为**独立的图层**。烫印部分与其他部分是以相同文件付印，还是以不同文件付印，请根据印刷厂的指示。

★ 1. 因为是用热转印，因此也称为"热转印"。

★ 2. 把金属压薄扩展而成的箔（编注：很久以前的确是用金或银来制作烫金，现今烫金已被电化铝所取代。烫金箔多为成卷的薄膜，主要成分为电化铝与涂料，可以控制金箔的颜色）。

★ 3. 字号与"频率"的下限，请咨询印刷厂。烫印的付印文件制作的技巧也可应用于击凸加工等使用金属板的特殊印刷上。

箔的面积

烫印印版

通常，烫印的费用会根据面积变动。烫印面积越小成本越低，建议集中配置，如果距离较远最好分成两块版。在该范例中，封面与书脊的距离很近，因此集中在一块印版上即可。

当烫印与其他设计放在同一付印文件中时，烫印的设计请放置在独立的图层中。

制作输出样本

因为烫印部分是用"K：100%"指定的，所以即使直接导出此图像为输出样本，也不容易看出烫印的范围及位置。尤其是彩色印刷要重叠烫印时，更加难以辨识。在付印时，建议附上烫印部分添加了简单的渐变的样本，这有助于突出烫印的位置。这个模板也可以活用于商品图像。

将烫印部分设置渐变后制成的样本，有时也作为印刷品完成前的暂定商品图像使用。

让成果更臻完美的小技巧

烫印与使用基础油墨 CMYK 或专色油墨的印刷属于不同的工序，因此对位的精度多少会下降。如果是使用不透明的箔★4，建议在箔的背面填入与背景相同的颜色，或是将放置在背面的图像进行挖空，可防止位置偏移时露出纸张的白底。另外，如果是使用透明的箔★5，在制作付印文件时则必须考虑到可能会有透出背景的状况。

★ 4. 这里是指金箔、银箔或彩色箔等烫印。

★ 5. 如透明激光箔（Holographicfoil）与珍珠箔。

烫印印版（上）与 CMYK 印版（下）。若背景图像不把烫印的部分挖空，则即使烫印的位置稍微偏移，也不会露出纸张的白底。

不过，可使用此方法的情况仅限于不透明的烫印。

箔　轮廓

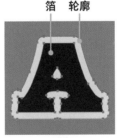

黑色部分就是箔。中空的轮廓，一旦箔的位置有偏移，会露出背景或纸张的底色。

轮廓的内侧也着色，这样一来即使箔的位置有些许偏差，也不会露出背景或纸张的底色。

5-6　制作缩小尺寸的重印本

如果是付印漫画等作品，其中通常会使用到网点。然而，当印刷有网点的图像时，经常会发生出现摩尔纹的情况。在制作缩小尺寸的重印本时，也特别容易产生摩尔纹，请务必格外注意。

缩小漫画原稿时的注意事项

要将过去制作的印刷品制成缩小尺寸的重印本时，可以使用原稿付印，直接委托印刷厂[1]更改尺寸即可。然而在缩小漫画原稿时，网点很可能会出现摩尔纹[2]，比起自行处理，委托专业的印刷厂比较能降低摩尔纹的产生概率。

根据重印尺寸重新导出文件

优动漫 PAINT 具有可以更改尺寸后导出的功能，便于制作重印版的付印文件。"psd 导出设置"对话框的"输出尺寸"区域，可以通过"缩放倍率""指定输出尺寸""指定分辨率"来更改尺寸。此外，要在**颜色高级设置**"对话框中，指定是否根据缩放倍率改变网点的"**网点线数**"。

如果选择"取决于输出倍率"，"网点线数"会根据缩放倍率而改变；如果选择**"按照图层设置"**，则会以图层中设置的"网点线数"进行输出。无损于原稿的是"取决于输出倍率"，但缩小后的"网点线数"会变高，因此，当原稿的"网点线数"设置较高，或是用较高的缩小比例[3]更改尺寸时，容易产生摩尔纹。"按照图层设置"可减少摩尔纹的产生[4]。但是对于缩小的主线，网点的尺寸与密度的平衡会发生变化，所以印象也会有很大变化。两者各有优缺点，建议根据原稿的状态来判断。

★ 1. 具有处理漫画同人志经验的印刷厂，大多具备更改尺寸与处理摩尔纹的知识。制作前最好在印刷厂的网站确认，或是直接与印刷厂洽谈。不过，发现摩尔纹后要处理或是继续进行，请遵照印刷厂的方针。另外，也有即使经过处理仍无法避免的摩尔纹。

★ 2. 摩尔纹是当多个有规律排列的点或线重叠时，相互干扰而产生的图案。网点的摩尔纹，除了在"网点线数"不同的网点重叠粘贴之外，在印刷最终工序中将本身带有网点的网纹网点化时也可能产生。

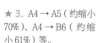

★ 3. A4 → A5（约缩小70%）、A4 → B6（约缩小61%）等。

★ 4. 无法完全避免。

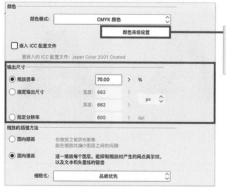

选择"取决于输出倍率"，事实上只有"网点线数"异常高的部分，会重新设置为网点图层的"网点线数"。不过，无论采取哪一种回避措施，只要在印刷最终阶段有网点化的程序，就必须有心理准备面对产生摩尔纹的可能性。

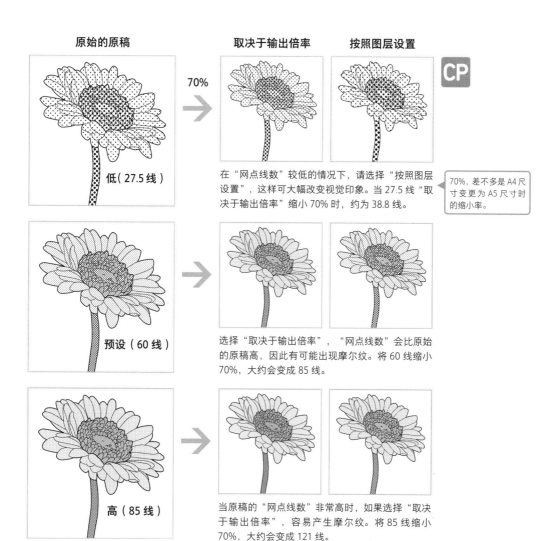

原始的原稿　　**取决于输出倍率**　　**按照图层设置**

70%

低（27.5 线）

在"网点线数"较低的情况下，请选择"按照图层设置"，这样可大幅改变视觉印象。当 27.5 线"取决于输出倍率"缩小 70% 时，约为 38.8 线。

> 70%，差不多是 A4 尺寸变更为 A5 尺寸时的缩小率。

预设（60 线）

选择"取决于输出倍率"，"网点线数"会比原始的原稿高，因此有可能出现摩尔纹。将 60 线缩小 70%，大约会变成 85 线。

高（85 线）

当原稿的"网点线数"非常高时，如果选择"取决于输出倍率"，容易产生摩尔纹。将 85 线缩小 70%，大约会变成 121 线。

※ 范例是由优动漫 PAINT 制成的。
设置"分辨率：600 ppi"，以原始尺寸刊登。

具有不同属性图像的PDF文件

　　使用 InDesign，也可制作"位图" + "600 ppi"的漫画原稿及"灰度" + "350 ppi"的黑白插图等这类"颜色模式"及"分辨率"不同的图像并存的 PDF 文件。在"导出 Adobe PDF"对话框的"压缩"区域[5]设置"不缩减像素采样"，可以将文件保持画质地导出。不过，图像如果包含网点，置入后一旦更改缩放比例，可能会产生摩尔纹，因此请尽可能以原始尺寸置入[6]。

Id

单色图像

双立方缩减像素采样至　　1200　　像素/英寸

若图像分辨率高于：　1200　　像素/英寸

压缩：　ZIP

★ 5. 关于"压缩"区域请参照第 146 页。

★ 6. 印刷的最终阶段仍会面临网点化的工序，因此即使是原始尺寸也可能出现摩尔纹。此外，即使是相同的"网点线数"，仍会根据各页内容的不同而让情况改变；即使在特定页面做了校正印刷，也不代表其他页面就不会发生摩尔纹。

　　"颜色模式：位图"的情况，即使在"导出 Adobe PDF"对话框设置缩减像素采样，也不会产生灰色的像素。此外，"若图像分辨率高于"无法设置低于"1200 像素 / 英寸"的数值，因此可保持一定程度的画质。

著作权合同登记号桂图登字：20-2023-239 号

图书在版编目 (CIP) 数据

设计师要懂的印前知识／（日）井上能伎亚著；谢蔷镁
译 . —桂林：广西师范大学出版社，2024.6
　　ISBN 978-7-5598-6829-9

　　Ⅰ．①设… Ⅱ．①井… ②谢… Ⅲ．①印前处理－基本知识
Ⅳ．① TS803.1

　　中国国家版本馆 CIP 数据核字 (2024) 第 060471 号

设计师要懂的印前知识
SHEJISHI YAODONG DE YINQIAN ZHISHI

出 品 人：刘广汉
责任编辑：季　慧
装帧设计：马韵蕾
广西师范大学出版社出版发行
（广西桂林市五里店路 9 号　　邮政编码：541004）
（网址：http://www.bbtpress.com　　）
出版人：黄轩庄
全国新华书店经销
销售热线：021-65200318　021-31260822-898
恒美印务（广州）有限公司印刷
（广州市南沙区环市大道南路 334 号　　邮政编码：511458）
开本：787 mm × 1 092 mm　　1/16
印张：13.25　　　　　　　字数：340 千
2024 年 6 月第 1 版　　　2024 年 6 月第 1 次印刷
定价：128.00 元

如发现印装质量问题，影响阅读，请与出版社发行部门联系调换。